国家出版基金项目
NATIONAL PUBLICATION FOUNDATION

A Genealogy of Industrial Design in China: Light Industry Ⅲ

工业设计中国之路
轻工卷（三）

沈榆　吕坚　著

大连理工大学出版社

图书在版编目(CIP)数据

工业设计中国之路. 轻工卷. 三 / 沈榆, 吕坚著
. -- 大连: 大连理工大学出版社, 2019.6
ISBN 978-7-5685-1951-9

Ⅰ. ①工… Ⅱ. ①沈… ②吕… Ⅲ. ①工业设计—中
国②轻工业—工业设计—中国 Ⅳ. ①TB47②TS02

中国版本图书馆CIP数据核字（2019）第060492号

GONGYE SHEJI ZHONGGUO ZHI LU
QINGGONG JUAN （SAN）

出版发行：大连理工大学出版社
　　　　　（地址：大连市软件园路80号　邮编：116023）
印　　刷：深圳市福威智印刷有限公司
幅面尺寸：185mm×260mm
印　　张：15
插　　页：4
字　　数：347千字
出版时间：2019年6月第1版
印刷时间：2019年6月第1次印刷
策　　划：袁　斌
编辑统筹：初　蕾　裘美倩　张　泓
责任编辑：张　泓
责任校对：裘美倩
封面设计：温广强

ISBN 978-7-5685-1951-9
定　　价：258.00元

电　话：0411-84708842
传　真：0411-84701466
邮　购：0411-84708943
E-mail：jzkf@dutp.cn
URL:http://dutp.dlut.edu.cn

总序

　　面对西方工业设计史研究已经取得的丰硕成果，中国学者有两种选择：其一是通过不同层次的诠释，理解其工业设计知识体系。毋庸置疑，近年中国学者对西方工业设计史的研究倾注了大量的精力，出版了许多有价值的著作，取得了令人鼓舞的成果。其二是借鉴西方工业设计史研究的方法，建构中国自己的工业设计史研究学术框架，通过交叉对比发现两者的相互关系以及差异。这方面研究的进展不容乐观，虽然也有不少论文、著作涉及这方面的内容，但总体来看仍然在中国工业设计史的边缘徘徊。或许是原始文献资料欠缺的原因，或许是工业设计涉及的影响因素太多，以研究者现有的知识尚不能够有效把握的原因，总之，关于中国工业设计史的研究长期以来一直处于缺位状态。这种状态与当代高速发展的中国工业设计的现实需求严重不符。

　　历经漫长的等待，"工业设计中国之路"丛书终于问世，从此中国工业设计拥有了相对比较完整的历史文献资料。本丛书基于中国百年现代化发展的背景，叙述工业设计在中国萌芽、发生、发展的历程以及在各个历史阶段回应时代需求的特征。其框架构想宏大且具有很强的现实感，内容涉及中国工业设计概论、轻工业产品、交通工具产品、重工业装备产品、电子与信息产品、理论探索等，其意图是在由研究者构建的宏观整体框架内，通过对各行业有代表性的工业产品及其相关体系进行深入细致的梳理，勾勒出中国工业设计整体发展的清晰轮廓。

　　要完成这样的工作，研究者的难点首先在于要掌握大量的原始文献，但是中国工业设计的文献资料长期以来疏于整理，基本上处于碎片化状态，要形成完整的史料，就必须经历艰苦的史料收集、整理和比对的过程。本丛书的作者们历经十余年的积累，在各个行业的资料收集、整理以及相关当事人口述历史方面展开了扎实的工作，其工作状态一如历史学家傅斯年所述："上穷碧落下黄泉，动手动脚找东西。"他们义无反顾、凤凰涅槃的执着精神实在令人敬佩。然而，除了鲜活的史料以外，中国工业设计史写作一定是需要研究者的观念作为支撑的，否则非常容易沦为中国工业设计人物、事件的"点名簿"，这不是中国工业设计历史研究的终极目标。本丛书的作者们以发现影响中国工业设计发展的各种要素以及相互关系为逻辑起点并且将其贯穿研究与写作的始终，从理论和实践两个方面来考察中国应用工业设计的能力，发掘了大量曾经被湮没的设计事实，贯通了工程技术与工业设计、经济发展与意识形态、设计师观念与社会需求等诸多领域，不将彼此视作非此即彼的对立，而是视为有差异的统一。

在具体的研究方法上，本丛书的作者们避免了在狭隘的技术领域和个别精英思想方面做纯粹考据的做法，而是采用建立"谱系"的方法，关注各种微观的事实，并努力使之形成因果关系，因而发现了许多令人惊异的、新的知识点。这在避免中国工业设计史宏大叙事的同时形成了有价值的研究范式，这种成果不是一种由学术生产的客观知识，而是对中国工业设计的深刻反思，体现了清醒的理论意识和强烈的现实关怀。为此，作者们一直不间断地阅读建筑学、社会学、历史学、工程哲学，乃至科学哲学等方面的著作，与各方面的专家也保持着密切的交流和互动。研究范式的改变决定了"工业设计中国之路"丛书不是单纯意义上的历史资料汇编，而是一部独具历史文化价值的珍贵文献，也是在中国工业设计研究的漫长道路上一部里程碑式的著作。

工业设计诞生于工业社会的萌发和进程中，是在社会大分工、大生产机制下对资源、技术、市场、环境、价值、社会、文化等要素进行整合、协调、修正的活动，并可以通过协调各分支领域、产业链以及利益集团的诉求形成解决方案。

伴随着中国工业化的起步，设计的理论、实践、机制和知识也应该作为中国设计发展的见证，更何况任何社会现象的产生、发展都不是孤立的。这个世界是一个整体，一个牵一丝动全局的系统。研究历史当然要从不同角度、不同专业入手，而当这些时空（上下、左右、前后）的研究成果融合在一起时，自然会让人类这种不仅有五官、体感，而且有大脑、良知的灵魂觉悟：这个社会发展的动力还带有本质的观念显现。这也可以证明意识对存在的能动力，时常还是巨大的。所以，解析历史不能仅从某一支流溯源，还要梳理历史长河流经的峡谷、高原、险滩、沼泽、三角洲，乃至海床的沉积物和地层剖面……

近年来，随着新的工业技术、科学思想、市场经济等要素的进一步完善，工业设计已经被提升到知识和资源整合、产业创新、社会管理创新，乃至探索人类未来生活方式的高度。

2015 年 5 月 8 日，国务院发布了《中国制造 2025》文件，全面部署推进"实现中国制造向中国创造的转变"和"实施制造强国战略"的任务，在中国经济结构转型升级、供给侧结构性改革、人民生活水平提高的过程中，工业设计面临着新的机遇。中国工业设计的实践将根据中国制造战略的具体内容，以工业设计为中国"发展质量好、产业链国际主导地位突出的制造业"的支撑要素，伴随着工业化、信息化"两化融合"的指导方针，秉承绿色发展的理念，为在 2025 年中国迈入世界制造强国的行列而努力。中国工业设计史研究正是基于这种需求而变得更加具有现实意义，未来中国工业设计的发展不仅需要国际前沿知识的支撑，也需要来自自身历史深处知识的支持。

我们被允许探索，却不应苟同浮躁现实，而应坚持用灵魂深处的责任、热情，以崭新的平台，构筑中国的工业设计观念、理论、机制，建设、净化、凝练"产业创新"的分享型服务生态系统，升华中国工业设计之路，以助力实现中华民族复兴的梦想。

　　理想如海，担当做舟，方知海之宽阔；理想如山，使命为径，循径登山，方知山之高大！

柳冠中

2016 年 12 月

序言

　　本卷以日用瓷器为主要研究对象，这一卷的写作无疑是极具挑战性的。首先，中国日用瓷器这一内容从表面上来看已经被不同领域的学者反复书写过，很多认知、观点已趋固化。其次，日用瓷器的范畴十分广泛，如果全部叙述一遍无疑又落入了产品"点名簿"的误区。再次，日用瓷器的分类十分复杂，如何与其他分册在分类、叙事逻辑上保持基本的一致？最后，日用瓷器的设计、生产、销售与地域性的资源、传承的工艺体系等要素密切相关，如何解释其互相之间的关联？这些无疑成为摆在作者面前的难题。然而，叙述中国工业的发展之路，日用瓷器又是不可缺少的一个主题，面对大量的历史资料，如何进行有效的梳理一直考验着作者。

　　在漫长的历史发展过程中，考察与人们日常生活相伴的产品链，瓷器始终不可或缺。在 20 世纪 50 年代至 90 年代这 40 余年的时间段里，中国日用瓷器的确被批量生产过，既是中国出口创汇的主力军，又是普通百姓生活的必需品，同时也被高端定制关注过。在工业化批量生产思想的指导下，其制造体系曾经被优化过，引进了国际先进的制造工艺、技术和设备，其科学研究的方式也是围绕着这样的状态而展开的，我国国家标准中还有一系列相关的标准。

　　但是在很长的一段时间内，日用瓷器研究的对象仍然局限在清代以前的皇家御用瓷器或出口到西方的定制产品范畴。虽然从宏观的角度看这也是一种为生活而设计的产品，但它与普通百姓生活中所使用的产品在导向上相距甚远，二者工业设计的理念也背道而驰，虽然已经有众多学者研究后得出了结论——两者的设计理念是相通的，但是仍然为全面认识中国日用瓷器的设计留下了巨大的空白点。

　　基于上述事实，本卷选择了一个独特的切入角度，即以俗称的"厂货""粗瓷"为主要研究对象，并由此上溯到历史上与之相关的工艺传承体系。"厂货""粗瓷"是指在工厂流水线上生产的产品，这类产品中既有出口的高级日用瓷器，也有少量在国内市场销售的中高档产品。1983 年制定的《高级日用细瓷器》（GB

4003—1983）、《陈设艺术陶瓷（试行）》（QB XXXX—1983）和《日用细瓷器》（GB 3532—1983）是在总结 20 世纪 50 年代以来各个工厂制造标准的基础上提出的国家标准和轻工业部标准，具有划时代的意义。轻工业部当时是以手册汇编的方式下发到各个生产厂家和科研单位的，对于提高产品质量起到了十分重要的作用，也是之后各个新标准的基础，而本书所述大部分产品的设计、生产都参照了这套标准。

《高级日用细瓷器》（GB 4003—1983）主要是针对出口产品的，后来由《釉下（中）彩日用瓷器》（GB/T 10811—2002）、《玲珑日用瓷器》（GB/T 10812—2002）等标准代替。《陈设艺术陶瓷（试行）》（QB XXXX—1983）后来由《陈设艺术瓷器 第 1 部分：雕塑瓷》（GB/T 13524.1—2015）、《陈设艺术瓷器 第 2 部分：器皿瓷》（GB/T 13524.2—2018）、《陈设艺术瓷器 第 3 部分：文化用瓷》（GB/T 13524.3—2015）等标准代替。《日用细瓷器》（GB 3532—1983）由《日用瓷器》（GB/T 3532—2009）代替。

理性的分析往往枯燥乏味，作者决定以此为研究视角源自其十余年间在全国各个陶瓷产地以及欧洲著名的陶瓷工厂、基地"走设计"的经历。这种从基层开始的资料收集的工作方式独具"田野工作"特性，从"厂货"产品的收集到散落的技术资料汇总，再到当事人口述的历史，历经"煎熬"和艰难的思辨，终于成就了这部具有社会学特性的日用瓷器设计著作，这种成果的魅力在于从"微观"之处发现中国工业设计的特征、机遇以及走向。诚然，这种工作方式要付出巨大的代价，但它揭示了被遮蔽的设计事实，以"实证"的研究方式填补了中国日用陶瓷设计研究的空白。

中国瓷器的设计研究不能仅仅处于"形而上"的状态，追溯瓷器的经典价值固然具有文化层面上的普遍意义，但是从工业设计的角度来看则更应注重其改善生活品质的作用。通过考察工艺技术、社会制度对其产生的影响，探究其工艺技术体系建立、发展的逻辑和设计的作用显得更加重要。在这个过程中，作者并没有将"东方思维"与"西方思维"作为思考的两极，而是积极运用了技术哲学的思考方式来重新建构、分析和叙述，因为谈到中国日用瓷器设计，研究者往往都会将自己局限在预设的文化状态中，或者强调其特殊性而忽略其普适性，或者以普适性简单涵盖其特殊性，这种简单的结论并不能为我们带来新的知识点。

在创新设计的新时代，技术、方法、理念、文化、制度等与设计相关的各种要素只有通过设计思维的整合，才能成为设计创新的思想资源。追溯历史是为了更好地超越，中国当代工业设计的发展不仅需要全球最新技术和理念的引导，更加需要来自历史深处的知识的支撑，从这个角度来看，本卷书写的方式无疑更具有积极意义。

魏劭农

2018 年 3 月

目录

第一章 工业设计视野中的日用瓷器

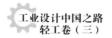

第一节　变迁中的融合与制瓷文化

陶器是人类利用自然界单一物质——黏土，通过火的作用改变其物理、化学性质而制造出的各种器具。在此基础上进一步用各种原材料配置成复合材料，经高温烧制形成了现在的瓷器。在这漫长的过程中，随着制作技术的不断发展而形成制瓷文化，积累了宝贵的工艺和艺术财富。李家治主编的《中国科学技术史·陶瓷卷》指出："中国文明是世界上最早出现陶瓷的古代文明之一，更是世界上最早烧制成印纹硬陶和原始瓷，以及先后发明青釉瓷和白釉瓷的国家，也是创造丰富多彩的颜色釉、彩绘瓷和雕塑瓷而享誉世界的国家，陶瓷的每一个进展都包含着许多突破和成就，共同形成了一个既继承又发展的连续不断的工艺过程。"由此可见，制陶、制瓷技术的发明和发展是社会、技术发展的产物，其间蕴藏着丰富的科学和艺术的内涵，其生产从原材料到成品转化的过程实质上是人们的创造性开发逐步转化成传统工艺的过程。作为这种过程的见证，造型、装饰、质地、色泽是不可或缺的显性要素。

工艺是指人们运用工具对原材料进行加工、处理、制作，使其成为产品的方法和手段。传统工艺则是指历史上传承下来的方法和技术手段。但并不是历史上出现过的工艺就能被称为传统工艺，传统工艺是指在一定区域内，经过较长的实践和不断的传承、丰富以及发展形成的一套完整的体系。

中国的器物造型千变万化，形态各异，但从生活用具的造型来看，还是有章可寻的，并且可以和中国的农业文明形态联系在一起。中国食器和日常盛具都是容器形的，造型追求平易朴实，少有哗众取宠和奇形怪状之作，这与农业生产和农业文化有着直接联系。此外，中国的地理、政治、经济特点决定了器物造型受到的外来干扰较少，仅在一些局部反映出外来因素。中国的器物造型变化主要来源于生活方式和风俗习惯的变化，从我们所掌握的材料来看，其变化的幅度并不是很大。

中国的器物造型的各个种类因使用用途、历史沿革、材质、加工技术的差异而表现不一。原始彩陶造型是中国造型系统最早、最有意义的一次；第二次是青铜器造型。第二次变革使用的金属材料给中国造型带来了方重的金属造型语言，这种语言后来被融于造型史的总体洪流之中。可以说第一次造型是圆，语言是泥土；第二次为方，语言是金属；第三次是宋瓷造型，既方又圆，不露痕迹，语言是瓷土。

中国的彩陶时代是新石器时代中期到氏族社会时期。其影响的时代跨度比较大，影响的面也比较深远。它的造型与当时的居室环境、家居布置、生活方式、生产力水平和经济基础是一致的。彩陶的造型有扁矮和高尖两种风格，在造型语言上较为质朴大方。当时的居室环境一般为半地穴式，仅有少数地面建筑，器物一般平放在地面上，且多为平底，人与器物的视觉关系为俯视。彩陶罐造型为小口，短颈，肩部到腹部外移，腹部以下内收，腹部直径最大，带双耳，装饰纹样在彩陶腹部以上。这正是当时人席地而坐，彩陶罐平置于地上，俯视要求的结果。罐口为小口是为了防止脏物进入，大腹是为了取得最大的容量。而陶鬲巨大的三个款足是为加大受热面积，它的造型后来被青铜器所沿用。高的器物有陶瓮，尖的有尖底瓶，为水器。

中国的陶器在新石器时代晚期到夏、商、周乃至春秋战国时期开始规范化，而随着生产制作水平的提高，作为一种社会象征的彩陶反而销声匿迹了。更为巨大的变化是人们生活方式的变化，青铜器开始取而代之。华夏氏族在黄河、长江流域组成了几个大的民族集团，国家出现之后，从夏、商、周到战国，中国的器物造型由于青铜器时代的来临而焕然一新。青铜器影响着当时人们的视觉世界，冲击着人们的感官，影响了一大批其他种类的器物造型，如陶器、漆器的造型。

商、周青铜器造型总的特点是厚重神秘，种类繁多，这在青铜器的鼎盛期（一般认为是商代晚期到西周早期）表现得尤为明显。如著名的后母戊鼎，器形"庞大浑厚，雄伟大气"，其器形方扁，四足稳固，是目前发现的最重的青铜礼器，也是当时冶铸技术高度发展的表现，更是造型史上的典范造型。在中国，鼎最早为炊食具，从陶鼎发展而来，而后成为天子权贵身份乃至国家权力威严的象征。它已经从一般意义上的炊食具变成一种特殊的礼器，在中国造型史上一直延续下来。虽然第一种功能退化了，但是第二种功能作为一种"有意味的形式"得到传承，一直延续到封建社会的末期，如景泰蓝鼎、瓷鼎、陶鼎，但造型远远没有殷商时期的厚重端庄，也没有西周到春秋战国时期的精巧，仅仅是一种礼器象征的造型，小而轻。在长期发展的农业社会里，鼎这类礼器仅为一种食器，从中可以窥探中国 "民以食为天"的质朴的理性观念。把食器作为一种最尊贵的礼器，其内在意义是深刻的。而且，中国的食器系列，其式样之多，造型之广，制作之细致，是其他国家所未有的。这些为我们探讨中国的器物造型提供了极大的便利，我们可以把对中国器物的探讨，同中国历史文化、饮食文化乃至政治文化的发展联系在一起。

与青铜器相对应的是中国陶瓷史上的瓷器造型，它对中国的历史文化和造型史本身有着极为重要的影响。釉色和釉质在中国瓷器史上作为一个重要的课题被提出来了。瓷釉的发展在时间上来说相对缓慢，最早的原始瓷釉可以追溯到商朝。中国瓷器的成熟，一般认为是在魏晋南北朝时期，而中国瓷器造型最典范的创造却是在宋代完成的。宋瓷经过制瓷工匠近两千年的反复试验，其中虽有若干个中断时期，但终于达到"饱满浑厚、端庄挺秀、一色纯净"的美学高度。

宋代具有高度文化修养的士人，他们的文学修养和艺术素养为宋代文化的发展提供了一个广泛的社会基础，对于美的高度要求不仅表现在诗词、山水画、花鸟画、书法和戏曲中，也表现在他们对日常生活用具的讲究与品位上，如茶具、食具、家具、文房摆设等一切生活用具的格调上。宋瓷的美学含义正是在这样一个广阔的文化背景下展开的。对美的高度要求，不但表现在对釉色的质地、成色、光洁度、温润感的追求上，而且也表现在挺拔的造型和雍容的气质上。

中国人的生活方式在宋代开始趋于近代化，因此在元、明、清代的瓷器造型中，宋瓷的造型仍影响巨大。元、明、清代的瓷器造型虽然在总体上有所变化，如元代造型粗犷、豪放、刚劲，陶瓷器皿厚重粗大；明代造型敦厚端庄，具有浓厚的装饰美感；清代的器物则纤巧华美。但元、明、清代的瓷器的一些基本造型仍沿袭宋代，在宋代造型意识的大框架下展开。许多历史上曾风行一时的造型，如青铜造型和魏晋南北朝的鸡首壶造型，随着时代的变化而逐步被淘汰了。宋代的梅瓶、玉壶春瓶、斗笠碗、凤耳瓶等在历经了各朝代、各阶层人士挑剔的眼光后直到今天仍是我国瓷器中常见的造型。元、明、清代的瓷器与宋瓷相比，较大的变化则在于瓷器装饰领域，如釉上彩系统和釉下彩系统的广泛图案化、绘画化，以及中国纹样体系与中国绘画体系的进一步联姻。

因此，这三次造型变革的典型的代表器物分别为彩陶罐、青铜鼎和宋梅瓶。这三种器形或者其衍生态都可以在清代被找到，而且三种造型对中国器物的其他门类，如竹木器、漆器、景泰蓝、玉器、牙角器都有很大的影响，并造成了它们的同一化倾向。

这一系列的变迁可以概括为后代的制瓷技术对前代技术的继承和发展，并且具有类似血统的性质。对这种遗传现象仅仅从瓷器的化学、物理角度分析，或者单纯从艺术创意角度分析显然是不够的，是无法观察其机制的。我们需要从工业设计的角度来思考，确立"新技术在某种程度上是来自此前已有技术的新组合，并被用来解决新的问题"这样的思考框架。正是因为如此，在编写本卷时我们花费了更多的精力发掘制瓷技术方面的资料，充分关注了"技术组合进化"的谱系。"技术组合进化"指的是将之前的技术形式用作后来的原创技术的组成部分，当代的新技术成为建构更新技术的可能部分；反过来，其中的部分技术将继续变成那些尚未实现的新技术的可能的构件。慢慢地，最初很简单的技术将发展出越来越多的技术形式，而很复杂的技术可以使用很简单的技术作为其组合，所有技术的集合从简单到复杂地成长起来，这种机制便是组合进化。

上述描述还不能完全解释制瓷技术发展的全貌，因为其中没有考虑设计者的作用。在制瓷领域，设计者往往被称作工艺师、工程师或技术工人。但是不可否认的是新技术往往先是精神的构建，而后才是物质的构建这一事实，诚然，推动这一过程的还有现实的使用需求。从这个角度来看，日用瓷器的设计、技术、使用和意义是如何被有逻辑地建构起来的就成为我们研究的"问题意识"。

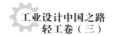

第二节　设计的诗意与技术的哲学

工业设计的思考过程，一方面是利用技术、考虑了人的需求之后进行创造活动，另一方面则必须将设计师的主观精神作用于客观世界。前者是思想方法，后者则是思想资源，当两者密切结合成一个不可分割的整体时，往往就是优秀设计诞生的时候。设计师的主观精神，是指作为其思想资源的科学、技术、文化、历史等具体化的要素。

在日用瓷器的设计中，文学因素独具的诗意特性往往被视为一个重要的思想资源，诗意的想象表现在将文学因素以较明显或隐晦的方式与设计的思考相联系。文学因素包括故事的某一内容、某一情节，文学作品中的人物形象，作者、文学团体或流派等较明显的因素，以及创作方法、修辞手法、形象描写、心理描写、诗情意境等隐晦的因素。而这些隐晦的文学因素，被表现在或被使用在陶瓷文字装饰、陶瓷绘画、陶瓷雕塑等作品中，也是陶瓷与文学相联系的形式。

陶瓷与文学相联系的历程漫长而曲折。由于二者联系的形式不同及各种形式在不同历史阶段中的表现规律也不一样，这里主要将文学与陶瓷艺术（包括陶瓷文字装饰、陶瓷绘画、陶瓷图案与陶瓷雕塑等）的联系形式分为两类。一类是文学以作品方式在陶瓷艺术中出现，如陶瓷上题写的诗词，这是文学与陶瓷文字装饰的联系。陶瓷绘画或陶瓷图案上配诗词，陶瓷雕塑上写诗词，则是文学与陶瓷绘画、陶瓷图案、陶瓷雕塑的联系。这类艺术现象能明显地表明文学与陶瓷的艺术联系。另一类则是文学不以作品方式，而以较明显的文学因素与陶瓷艺术相联系，如雕塑瓷器表现《三国演义》中三顾茅庐的故事情节。可以说，陶瓷艺术是诗、书、画、文的综合体。

从另一个角度来看，历代歌颂陶瓷的诗词也层出不穷。这些诗词除了表现陶瓷的材质、装饰和造型之外，对陶瓷的内涵与特性也进行了高度的概括和赞誉，弘扬了陶瓷艺术的整体美。诗词虽然不能像绘画一样直接地表现色彩，但可以通过形容色彩的词语和富有色彩感的事物本身来表现它，同时又可以激发读者相应的联想和情感的反应。许多诗人善于抓住陶瓷在特定环境下所呈现出的异常形态和光彩，来表达自己的情绪与感受，在作品中表现出色调鲜明的意境和美感。

吉祥图案的运用是陶瓷装饰纹样的一大特色。在陶瓷装饰纹样中赋予花、鸟、虫、兽以吉祥的寓意，表现了人和自然的沟通及人与自然的亲和关系，以及人对自然的认识。比如，东汉时期出现的蝶形纹样和普遍盛行的用鱼纹装饰的器物，正是人们对大自然有意识的歌颂。又如，中国人重视家庭的延续，反映在陶瓷上有"榴开百子""富贵儿孙"及由石榴、佛手、桃子组成的"多子、多福、多寿"的图案。还有表现阴去阳来的"三阳开泰"，体现了人们崇尚光明、幸福的善良愿望。

一件完整的日用瓷器的设计与制作，显然交织着理论、意象、试验技巧和数据的基本知识，过去仅靠师傅传授的知识已经成为书本上的可以明确的知识。但是技术作为一种知识具有两重性：其一是明言知识，即以书面文字、图表和数字公式加以表述的知识；其二是意会知识，即一种难以言传的知识。从制瓷工程的角度而言，合理与功能的要求大部分可以由明言知识来满足，而材料、造型、肌理、色彩、装饰等与感官和品质相关的内容则多半由意会知识来满足。意会知识不仅是技术知识的必要组成部分，更是技术理解和设计赖以展开的前提。这种原理在瓷器的设计实践中已经被反复证明。诚然，中国的日用瓷器设计仍然存在着一些缺陷，如技术用语不统一，工艺规范缺失，过于依赖个体的经验等，这些问题可能会阻碍日用瓷器设计的发展。也正因为如此，才有必要将设计的诗意与技术的哲学作为一个莫比乌斯带来进行研究。

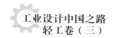

第三节　设计的回归与再设计

　　本卷内容研究的方式一直困扰着我们，由于与陶瓷相关的内容已经被行业的研究者反复书写过，以至于形成了相对稳定的范式和逻辑，而从工业设计视角看日用瓷器不能简单地将其他的思考方法和价值体系强加于它，但是也不能简单地以瓷器设计的特殊性为由做一般性的叙述，因为这两种方式都可能导致宏大叙事的结果而偏离了研究目标。

　　一种典型的观点认为：陶瓷传统工艺有着比较丰富的思想内涵，因而在实践中需要用心领悟其技术要点，在反复操作中加以体会和掌握。虽然没有更多的理论总结，却有着在模仿中的理解，在反复实践中的认识，以及在思考中的领悟。陶瓷传统工艺的发展过程是比较缓慢的，呈渐进的态势稳步演进，其工艺技术系统的建构是合理的，也是比较稳固的，是现代机械工艺无法代替的。陶瓷传统工艺是在实践中口授心传积累的经验，也是历代匠师们在制作陶瓷的过程中对材料和技术的规律性总结，更是一种创造性思维的体现。

　　明代科学家宋应星在《天工开物·陶埏》中对中国制瓷做了详细记载。日本、法国、德国分别通过翻刻和节译将这本书介绍到日本和欧洲，从而深刻地影响了它们的瓷业生产。20 世纪以来，随着工业设计体系的建立，日用瓷器设计成为工业设计的重要内容，但主要是基于工业技术的发展而展开的设计活动。中国的日用瓷器设计和制造有着更加复杂的状态，因此，其他国家的研究方法和产业发展经验只能作为一种参考。这种情况在日用瓷器设计方面，较之交通工具、消费类电子产品以及其他轻工业产品的设计方面表现得更加明显。为此，我们决定从经验性的内容着手，以日用瓷器的各种表象为切入口。这种表象是人们所熟悉的，与其他陶瓷研究文献记载的内容并无二致。虽然从章节标题来看貌似老生常谈，但是从其排列的顺序来看，每一章都是一个由重要技术支撑的品类，其顺序在一定程度上反映了中国20世纪以来日用瓷器设计领域重点的变化，这种迁移是伴随着消费观念的变化、工艺技术的更新和设计理念的发展而变化的，而高端定制瓷器则是工艺、设计突变的重要契机，与普通的日用瓷器设计相比更具有引领性。

在具体研究日用瓷器每一个品类的时候，我们力图建立一个递归性结构，以更加直观、有效地认知日用瓷器设计的规律并进行描述。日用瓷器设计作为一种整体技术被视作树干，是总集成。而坯料配方、制坯、釉料配方、烧制、装饰就是主要集成，被视作树枝。其他配套技术是次级集成，被视作枝条，复杂技术中包含着简单技术，直到最基础的技术。当然这仅是一种抽象的认知模式，现实中一棵完美的树，其树干和树枝会在不同的层次交叉勾连，互相作用。树形结构的层级数取决于树枝上的枝条，那些有代表性的小分枝的数目造就了日用瓷器设计成果的丰富性。这种比较理性的研究思路的规划避免了面对浩瀚的陶瓷文献资料无从下手的问题，也避免了以偏概全的叙事。需要强调的是，在现实情况中，设计和技术不是固定不变的，在设计师的主导下，它们会不断地变化结构。当目的改变时，它会去适应并进行重新配置。设计师的作用是进一步的集成，使技术的组合具有高秩序性。这种情况由我们深入各个陶瓷产区，实际考察工厂，访问设计师、工艺师、技术工人、销售人员和院校专家，以及各类资料比对的结果来证明，这种经验的内容正是我们叙事的主体，而其结构的建立，不仅使这一卷的体例与其他各卷近似，保证了丛书体例的一致性，也呈现了日用瓷器设计的特殊性。正如杨永善教授所指出的，在陶瓷手工艺生产领域，各地区保留的传统工艺都自成体系，符合客观实际，完整而有章可循，有法可依；操作工艺严格，遵循科学的原理，符合技术的原则和陶瓷技术自身的规律。陶瓷传统工艺在继承中发展，有补充和修正，逐步提高和完善。它不是一成不变的金科玉律，也不是僵化的技术信条，而是把创造理念化为具体的方法，提供给操作者去学习和掌握。

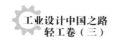

日用瓷器的设计具有工业设计的一般特征，从理论上来讲掌握了工业设计的方法就能够完成日用瓷器的设计工作。但是，我们不能无视中国陶瓷，特别是日用瓷器自身发展的漫长历史和留下的丰富遗产，为此我们将人类设计发展的历程与中国陶瓷设计发展的历程并列，从一个特定的角度呈现两者的关联性，并作为我们研究以 20 世纪为主的中国日用瓷器设计的基础和背景。当然这种并列仍然以大量事实为基础，所以我们选择了江西景德镇、广东佛山、山东淄博三地陶瓷发展的主要事件。其目标不是提供全史，而是提供几个历史的截面，提示大家在西方主流的设计思想外，还有其他的设计思想体系的存在。在当代中国设计回归和再设计的背景下，它无疑可以作为一种新的思想资源来开发。

第二章　青花瓷器

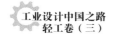

第一节　长青牌青花梧桐餐具

一、历史背景

　　据相关史料记载，景德镇在汉朝时便开始烧制陶器，在东晋时开始烧制瓷器。诗人陈志岁的《景德镇》云："莫笑挖山双手粗，工成土器动王都。历朝海外有人到，高岭崎岖为坦途。"景德镇素有"瓷都"之称，景德镇瓷器以"白如玉、明如镜、薄如纸、声如磬"的独特风格蜚声海内外，由青花、玲珑、粉彩、色釉四大工艺制作的产品，合称景德镇四大传统名瓷，而青花瓷则独占鳌头。

　　1975 年，在江苏扬州唐城遗址，南京博物院等单位首次发现了一块青花瓷残片。1983 年，文化部文物局扬州培训中心、扬州博物馆又在扬州文昌阁附近工地采集了中晚唐时期的青花瓷片。1990 年，中国社会科学院考古研究所在扬州唐城遗址又发现了 14 块青花瓷片。将这些瓷片与河南省巩县（现巩义市）窑出土的瓷片进行了比对，通过对其釉中颜料成分的分析，并与各地所产的含钴矿物进行比对，推断其釉料来源于河北、广西。同时，发现唐代的青花瓷外观上与巩县窑的出品非常相近，其胎质均呈现灰白或黄色，是用氧化焰烧成的，胎中的 Al_2O_3 含量达 27% ～ 30%，烧成温度在 1 200 ℃。从技术角度来看，青花瓷始于唐宋时期一说能够成立；但从出土的资料来看，无论是胎质、青花料的釉色，还是花面装饰都非常稚拙，直至元代景德镇，青花瓷才真正走向了成熟和完善。

1. 元代青花瓷的发展

　　元代统治者对具有一定技能的工匠比较重视，不仅免除其差役，还可世袭其地位，这为手工业的发展提供了有利条件。在 14 世纪时，景德镇青花瓷的制作技术已相当成熟。据《元史·百官志》记载，元代朝廷在景德镇设置浮梁瓷局，后又在景德镇设置御土窑。御土窑虽然不是长年进行生产，而是"每岁差官监造器皿以贡""烧罢即封"，但是这种朝廷督办的体制促进了陶瓷制造技术的发展。元代景德镇御土窑推出的第一个引人注目的产品是卵白釉瓷。卵白釉瓷闪烁着玉石般淡雅而瑰丽的乳光，往往缀饰印花阳纹铭款"枢府"，因此又称"枢府瓷"。元代景德镇推出的第二项成熟产品就是青花瓷。

元代中前期，景德镇制作的青花瓷一般不做生活用瓷，颜色蓝中带灰，纹样构图和绘画技巧颇具匠意，其装饰风格保留有宋瓷装饰的遗韵。到了元代中晚期，景德镇青花瓷烧造技术完全成熟。元代晚期，青花瓷胎体洁白厚重，釉面白中闪青，光润透亮，既有影青釉的青翠明亮，又有卵白釉的乳白凝重。这种釉面不仅能在高温下保留青花料青翠欲滴的颜色，还能产生多层次的变化，增加色阶，丰富色调。因为采用高铁低锰的钴矿，所以颜色有浓淡的不同，浓处色如靛青并深入胎骨，淡处为天蓝色。

元代中晚期的青花瓷，表现形式多样，以白地青花为主。青花瓷装饰花面取材广泛，其中有丰富的植物题材，也有龙凤鱼雁等动物题材。青花瓷装饰花面的构成形式也丰富多彩，整个器面几乎全为青花纹饰所覆盖。元代中晚期的青花瓷在制作工艺上有以下特点：一是胎骨厚重；二是瓷胎致密洁白，但胎质不够细腻，在砂底上可以看出有砂眼、刷痕和铁质斑点；三是釉色厚重，青花的白釉底子闪青的程度比较严重；四是所用青花料的原因，烧成后颜料全部熔于釉中形成蓝色玻璃状，着色区中间蓝色较浓，四周较淡。

元代青花瓷是中国青花瓷艺术发展史上的第一个阶段，并且形成了第一座高峰。

2. 明代青花瓷的发展

明代青花瓷注重绘画性装饰，讲究青花绘画的表现工艺，在艺术风格上表现出疏淡空灵、虚实相间的装饰面貌。这个时期的景德镇制瓷处于繁荣创新的阶段，一方面，元代业已成熟的艺术品种日臻完美；另一方面，工匠积极研究和不断推出新的艺术佳作。此时，除景德镇之外的全国各大窑场多数日趋衰落，而景德镇则形成了"工匠八方来，器成天下走"的局面。

图 2-1　明代洪武时期的青花缠枝菊花纹盏托

明代景德镇青花瓷的发展前期以洪武、建文、永乐、宣德官窑为代表。洪武青花瓷的制作技术比元代有了进一步提高，从色泽上看一共有三类：一类为清新明快的淡蓝色；一类发色浅淡，并有少许晕散，其中还常散布一些无规则的深色小点；还有一类色泽泛灰，釉面呈灰乳色，因青花料中含有较高的金属锰杂质而使其呈现出较大的黑青色斑块。

从品种上看，洪武、建文时期的瓷器类别有白地蓝花、蓝地白花、青花釉里红三种。洪武、建文青花瓷的造型以盘、瓶为多，盘的造型多做菱花口。纹饰布局沿用元代多层装饰带，严谨讲究，图案性很强，主要纹饰有牡丹纹、菊纹、山茶纹、莲花纹，辅助纹饰有如意纹、卷带纹、回纹等。绘画技法上，线条用实笔。洪武、建文青花瓷的胎体洁白，瓷质缜密，胎体中常有针眼状或细小的裂隙，釉面肥润，白中泛青，给人以温润敦实之感。

永乐、宣德时期以官窑为代表，胎釉制作水平比洪武、建文时期的有明显提高，胎土淘炼精细，胎体温润细腻，釉面平净，轻重适度。青花发色深蓝苍翠，明艳深厚，料色透入釉骨，线条有晕散现象，很像中国画中水墨在宣纸上所形成的墨晕。在造型上，永乐、宣德青花瓷呈现出一种浓艳凝重、古朴典雅的艺术风采。

成化时期，景德镇御窑厂开始大规模烧制瓷器。成化青花瓷造型精巧规整，大件少，小件多，器形多庄重圆润，玲珑俊秀。纹样一改前期粗笔、重色、厚釉的形式，

图2-2 明代永乐时期的青花缠枝
莲纹扁壶

线条纤细，多用双边勾勒填色，均匀渲染，精心构图，配上优美的题材，构成一种清新脱俗、洋溢着生活情趣的艺术花面。

正德青花瓷在器物的造型、品种和纹样上都有创新。典型的正德官窑青花瓷以中期为代表，大型器物逐渐增多，品种也逐渐多样化。它们胎体厚薄不均，青亮釉为多，透明度强，多有气泡。正德后期大型青花瓷产量逐渐增多，器形浑厚，带座器较多。

明代中晚期，即嘉靖、隆庆、万历三朝，景德镇官窑青花瓷又出现了一个新的发展。嘉靖官窑青花瓷色调呈现出浓烈中略泛紫色的面貌，并且在浓色中很少出现铁锈斑点。嘉靖官窑青花瓷中的一些小器物制作工艺精良，大器物似乎不如前朝，胎釉在明代青花瓷釉中最厚，釉面较厚处呈鸭蛋青色。纹饰多为双勾平涂，画工精细者填色讲究，不流向轮廓线外。隆庆青花瓷制作工艺精细俊美，基本上是一个短暂的过渡期。万历时期，景德镇出现了精致的手工工场和手工作坊。由于对外贸易空前繁荣，所以瓷器生产量剧增。万历瓷器仍以青花为主，这显示出青花瓷器蓬勃发展的盛况。

万历青花瓷胎质早期少数较为精细，绝大部分厚重粗糙。万历青花瓷由于底部过厚，所以常有器物出现塌底现象，胎骨中有火红色和铁锈斑点。釉面早期厚润，有玻璃质感；中期呈乳白色或青白色；晚期则因釉质薄而呈青色。万历时期创新的纹样具有浓郁的生活气息，以植物纹、动物纹、人物纹为主，也盛行用"万""寿"

第二章 青花瓷器

017

图 2-3　明代万历时期的青花花鸟纹樽

等字做装饰。万历青花瓷流行"透雕"造型和"锦地开光"的装饰形式。

明代晚期的天启、崇祯时期由于政治腐败，经济衰退，官窑生产几乎停顿，瓷器生产量很少，有官窑款的器物更少。但民窑青花瓷生产量不减，除供国内市场外，还大量远销海外。

青花瓷的发展在明代各个时期各有特色，其中永乐、宣德和成化、弘治、正德时期出现的两个高峰在中国陶瓷艺术发展史上留下了辉煌的一页，也具有划时代的意义。

图 2-4　明代宣德时期的青花折枝　　图 2-5　明代宣德时期的青花折枝牡丹纹碗
　　　　牡丹纹碗碗底　　　　　　　　　　　　侧视图

3. 清代青花瓷的发展

康熙早期的青花瓷仍以民窑为主，其胎釉有明代晚期遗风，一般胎体厚重，釉色泛青，釉面有棕眼，部分器物带有酱口。康熙中晚期的青花瓷胎质洁净坚硬，胎体变薄，但仍有重量感，酱口的器物不再出现；造型多挺拔硬朗，如棒槌瓶、凤尾花觚等，展现出雄伟浑厚的气势。康熙青花瓷用国产"浙料"，提炼极为纯净，并按花面的需要分出深浅不同的各种层次，青花料发色鲜艳青翠，有的呈宝石般的纯蓝色，俗称"佛头蓝"。它们在装饰纹样方面更多地吸取中国画的特色，花面布局与章法同前朝相比，减少了图案的装饰效果，追求生动自然，表现形象多概括夸张，常用刚劲细致的笔法勾线，再以深浅不同的料色予以分水渲料。

雍正时期的青花瓷质细洁白，微微泛青，釉色莹润，胎体厚薄均匀。在青花瓷的造型方面，创新出了十个一套的套杯、灯笼樽、扁肚菊瓣瓶、鹿头樽、牛头樽、贯耳瓶、如意瓶、四方扁壶及螭龙罐等。在工艺上精工细制，轻巧俊秀，给人以工整高雅之感。有部分青花瓷仿明代"苏麻离青"，但是不用进口料，而是在制作工艺上摸索画染的技法，使之出现晕散的效果。这种青花一般用亮青白釉。另外还有一种青花呈现出青翠鲜艳的效果，且釉色稳定，展现出独具个性的魅力。

图 2-6　清代康熙时期的青花山水纹棒槌瓶

图 2-7　清代雍正时期的青花勾莲纹双龙耳樽

雍正官窑青花瓷强调仿古，故纹饰图案以前朝式样为多，如云龙纹、龙凤纹、缠枝花卉纹、折枝花果纹、花托八宝纹、八仙纹、吉祥纹等。雍正青花纹饰图案化风格较强，这是自康熙后期开始逐步形成的风格。

乾隆时期的青花瓷胎体较厚，质地不如雍正时期精细，器物造型的线条不如雍正时期柔和，釉面也不如雍正时期润泽，多为青白釉。乾隆时期的青花瓷中文房和观赏制品多精美细巧，新奇造型胜于前朝，如笔筒、笔杆、笔洗、印盒、水盂等形态新颖。乾隆时期出现了一些别具特色的造型，如花觚、四足盖盂、扁壶、扁瓶、六角樽等，虽然现在看起来匠气十足，但体现了别致的时代风格。乾隆时期的青花瓷早期釉色不稳定，色灰，呆板，多有晕色；中期色调纯正，鲜艳稳定而明快；晚期整个制瓷业开始走下坡路，釉色蓝中泛黑，纹饰虽多，却层次不清，且色泽仍然凝重沉着。纹饰内容多为仿古，后期吉祥图案运用较多，绘画工细，花面繁缛，细巧有余，浑厚不足，图案装饰性强。

康熙、雍正、乾隆时期的青花瓷是中国古代青花瓷发展史上的最后一个高潮，在制瓷工艺上得到了很大的发展。清代青花瓷的绘制具有分工细致、专业化强的特点，《陶冶图说》记载："故画者止学画而不学染；染者止学染而不学画，所以一其手而不分其心。画者、染者，各分类聚处一室，以成其画一之功。"这里的"画"和"染"是青花绘制的两道主要工序。"画"是指装饰花面的设计及勾画纹样的轮廓，"染"

图 2-8　清代乾隆时期的青花西番莲纹六方贯耳樽

是指渲染填色。康熙、雍正、乾隆时期的青花瓷，既有浓艳粗犷的风格，又能表现淡雅纤细的图案，这与当时的高超工艺是分不开的。这些青花瓷在中国陶瓷史上留下了辉煌的一笔。

嘉庆时期以后的青花瓷在造型方面普遍显得厚重笨拙，不如前朝轻薄灵巧；工艺比较粗糙，修胎不精；青花釉色不够鲜艳，有漂浮感，胎釉密度不大，硬度不够，部分瓷器釉有橘皮纹、波浪纹。嘉庆时期以后虽然也有少量精品，但不代表主流。此时，中国青花瓷的发展已走向衰退。

4.民国时期的青花艺术

民国初年，青花瓷器主要分为仿古瓷和日常生活用瓷两大类。仿古瓷以仿清代的康熙、雍正、乾隆时期为多，而且多为达官贵人所定烧。仿古瓷的烧造多为延续旧制，少有创新。日常生活用瓷多为质地粗松的青花瓷，诸如蓝边碗、"仙芝祝寿"渣胎碗、喜字罐、冰梅瓶、青花釉里红鲤鱼盘、茶花桥梁壶等。它们普遍使用国产青花料，青花发色晕暗泛蓝。这一时期的陶瓷造型和装饰多沿袭传统的模式，风格与晚清时期相似。

当时很少有艺术家单独创作的、风格独特的青花艺术瓷。当时的青花艺术瓷，多为写意画法，讲究笔意。反映当时窑厂各种工艺过程的瓷盘构图饱满、描绘真实，青花工艺特色展现充分，表现出很强的装饰绘画语言，是民国时期从文人画审美趣

图 2-9 民国时期的青花瓷盘

味走向现实主义审美的开端。

值得称道的是被誉为"青花大王"的王步，他在一定程度上推动了景德镇青花瓷的发展。王步（1898—1968），号竹溪，晚年又号陶青老人，江西省丰城县长湖村人，斋名为愿闻吾过之斋，故所做青花常使用竹溪、长湖、愿闻吾过之斋等款。其父王秀春是同治、光绪时期的青花高手。王步的早期青花瓷作品以工整细腻为主，中期以兼工带写为特色，晚期才形成分水泼墨的大写意风格。

在同一时期中，还有几位青花高手在青花艺术的领域里默默地耕耘着。如聂杏生，他的艺术特色与王步兼工带写的风格迥然不同，他多用双勾分水法，以图案化的处理手法塑造人物、动物和花卉蔬果，用笔工整细腻，构图丰满严谨，分水均匀规整，作品装饰意味颇强。当时还有擅长青花山水的邹镇钦，他的青花瓷作品多是工笔勾勒，线条皴擦受芥子园画风熏陶，显示出深厚的传统功底。另外还有擅长青花图案的任根元，他的作品承袭乾隆时期的风格，多以龙为表现题材，图案组织严密，水路均匀。

5. 中华人民共和国成立后的青花艺术

二十世纪五六十年代，社会的进步和时局的安定使国民经济迅速恢复和发展。国家对整个工艺美术事业采取了保护、发展、提高的方针，实施了一系列较大的举措和激励政策，景德镇的青花艺术因此出现了新的转机和希望。随着国家建设高潮一次次的掀起，陶瓷研究机构科研工作的展开，院校一批批陶瓷艺术人才的培养和造就，规模较大的专业化生产青花瓷工厂的成立和投入生产，景德镇的青花艺术又迈上了一个新的台阶。

1953年，景德镇成立了景德镇市人民政府陶瓷委员会（以下简称"陶委"），这是景德镇现代陶瓷业发展中的一大关键，它为景德镇青花艺术的发展做出了不可磨灭的贡献。王步及其次子王希怀都作为青花艺术的杰出代表而进入陶委。1955年至1956年，我国与民主德国、捷克斯洛伐克、波兰开展经济技术合作项目，对青花工艺科学和青花艺术的创作进行了系统的总结和研究。这个项目的艺术创作实践和试制主要由以王步、王希怀父子两人为主的釉下组承担。这对于景德镇青花艺术及工艺水平的提高、技术与艺术的结合都起了极大的促进作用，其间创作出了不少青花艺术精品。这可以说是景德镇现代青花艺术兴盛的第一次高潮。

1959 年，江西省轻工业厅陶瓷研究所釉下组的技艺人员又掀起了完成中华人民共和国成立 10 周年献礼瓷创作的热潮，他们与东风瓷厂的技艺人员一道，创作和试制出了史无前例的大件青花艺术瓷，其中有万件青花瓶、直径为 2 m 的青花大圆桌面、直径约为 1.67 m 的青花大瓷缸以及青花斗彩之类的作品。这些作品突破了大件陶瓷作品工艺制作和烧成的难关，开创了大件青花艺术瓷的先河。此时由于高档艺术瓷大部分使用了上等的进口青花料和国产云南珠明料，釉色青翠而沉稳、分水层次更丰富、表现力更强，胎质和釉质更细腻透亮，更适合青花装饰的艺术效果。

与此同时，一批中国驻外使馆用瓷，北京"十大建筑"用瓷中的青花瓷餐具、茶具亦在景德镇被创制出来，显示了景德镇青花艺术的潜在力量和水平。这些国家用瓷在纹样上既有取材于农、林、牧、副、渔的现实生活题材，也有寓意幸福、吉祥的民族图案。在创作过程中，注重图案化的形式处理和层次结构，造型方面摒弃了传统样式，呈现了端庄典雅、朴素大方、饱满圆浑的艺术特色和具有中华民族气质的艺术风格，成为真正符合当时时代精神和使用环境气氛的作品。这可以说是景德镇现代青花艺术兴盛的第二次高潮。

20 世纪 60 年代，第一轻工业部陶瓷工业研究所为贯彻科研为生产服务的方针，又派出了王希怀等三人深入生产青花瓷的专业厂家新平瓷厂（人民瓷厂前身），帮助该厂对传统青花梧桐山水花面进行大幅改进并实施配套工作，将原来较为繁缛复

图 2-10 人民瓷厂以"岁寒四友"为题材设计的青花大瓷缸

杂的清代乾隆时期风格调整修改为更加简练，更为规整，更讲究青白关系、浓淡关系和虚实对比关系的新花面，使之更符合现代社会的审美和批量生产的需要；并将原来只有折边盘、针匙、汤碗等几个小品种的单件青花瓷，重新扩大组成配套的餐具和茶具，并逐步扩大为196头的组合。同时以贴花工艺和以颜料代刻画的先进工艺创制出青花影青瓷，并广泛应用到日用餐具、茶具和圆桌面、灯具、文具、花钵等既实用又具有欣赏价值的瓷器上，这也是科研与生产相结合的又一新成果，可以说是景德镇现代青花艺术兴盛的第三次高潮。

20世纪70年代后期，景德镇青花艺术中最突出的作品是为北京饭店专门设计和创制的穿枝牡丹、蝴蝶牡丹、凤凰牡丹等吉祥图案的青花瓷餐具、茶具和千件青花莲子缸。它们取代了20世纪60年代以前的飞凤壶餐具和茶具，并将海棠边经过改进后应用到中餐具和西餐具的盘类及碗类上，一度成为畅销的青花瓷产品。经过不断的创新和研发，人民瓷厂的常用青花纹样多达十几个，例如，双龙、满莲、海棠、双梨花、飞天、芙蓉、梧桐、双金鱼、穿枝牡丹、枝梅、洋莲等；造型品种繁多，除了常见的正德碗及其配套的餐具、茶具、咖啡具外，尚有香炉、烛台、花插、花钵以及天球瓶、鱼尾瓶、花篮瓶、梅瓶等各种瓶类。

20世纪80年代伊始，改革开放的春风将景德镇青花艺术推向了一个全面繁荣发展的新时期。众多的现代景德镇陶瓷艺术家不断学习、总结、借鉴民间青花率真简约、笔法洒脱的艺术精髓，并结合现代表现手法，创造出符合现代审美情趣和审美意识的新型现代青花艺术。匠心独运的创造使青花品种越来越多，表现形式也十分丰富，出现了影青青花、珍珠釉青花、色釉青花、毛地青花、刻花青花等新的表现形式。

在产品方面，由于有了梧桐、芙蓉、海棠、满莲、敦煌、双龙、锦葵、金鱼等优秀纹样，呈现出或丰满严谨、端庄秀丽，或挥洒自如、诗情画意的意境，在礼品瓷、展览瓷和商品瓷等方面，均获得了显著的成效。不但国家机关、人民大会堂和我国驻外100多个使领馆选用了青花瓷器，全国各大中城市的宾馆、饭店，甚至单位、团体、家庭等大都用青花瓷器。更值得一提的是，青花瓷器多次获得国际、国家金质奖，成为我国珍贵的外交礼品，国家领导人出访和接待外国元首时，常将青花瓷精品作为国礼馈赠。1972 年，美国总统尼克松访华时，周恩来总理送给他一套名贵的青花瓷餐具。1978 年 10 月，邓小平副总理访问日本时，也将青花瓷文具赠送给日本皇太子和日本首相福田赳夫。

二、经典设计

人民瓷厂生产的长青牌青花梧桐餐具是青花日用瓷器中的代表产品。作为主题装饰的梧桐是景德镇的传统花面之一，它起源于清代，至今已有 300 多年的历史。整套青花梧桐餐具中的各个单品都以这一中国传统图案为装饰，丰富的文化底蕴搭配传世的青花工艺，彰显出浓郁的中国传统之美和文化内涵。

长青牌青花梧桐餐具由数十件乃至百余件大小不同、器形各异的瓷器配套组成。每一件餐具单独来看都轻巧大方，轮廓秀丽匀称，而置于整套餐具中时又非常和谐。

花面通过点、线、面的巧妙结合，对江南园林的风光做了理想的描绘：近处是石桥假山、江畔楼阁，远处是平波荡舟、大江东去、飞雁远行。花面中的桥、屋、树等元素及其表现手法在清代的瓷器中都可以看到，但层层叠叠的景观设置与传统的"散点透视"花面中的"高远、中远"的逻辑略有不同，更多的是"以青计白"和"以白计青"的花面处理；也可理解为"图底"的互补关系，这种互补关系如同诗的押韵一般，使花面顿生节奏感和美感。

整套餐具的器形有缸、盅、斗、盘、羹、碗、杯等，整体以传统明代正德器为主要设计风格，大都丰满浑厚，器形线条柔和、圆润，给人以质朴、庄重之感。各器形因为功能不同，所以有各自的特点，例如，平盘的造型为圆浑的喇叭口形，但在装饰图案上均采用了青花梧桐中最经典的滕王阁造型。

造就诗情画意的花面的另一个原因是设计师应用了分水工艺。所谓分水工艺，是指画笔中要蘸上不同水分比例的青花料来填画水面，让其流淌、融合，使晕化的器皿上保留一份永恒的流动感。20 世纪 80 年代曾经任职于轻工业部陶瓷工业科学研究所的刘伟、赵紫云曾经就以青花梧桐花面为例做了专门研究，指出这种设计是调

图 2-11 青花梧桐餐具的主要产品

节花面虚实和布局、衬托主体景物的有效途径，是青花艺术特有的语言，也是表现烟波浩渺的江水的最恰当的技法。同时，在青花瓷青白关系的处理上更加有利于花面产生节奏感和韵律感。

以平盘为例，主体花面的边缘饰以什锦珠帘、绶带八宝（八宝即指民间流传的神话故事《八仙过海》中八仙所用的器具）为组合的装饰带。

整套产品中还有菱形汁斗和木鱼碗等相对独立的器形，但并没有破坏整体风格。在人民瓷厂用于厂内美工培训的材料《人民瓷厂名牌青花瓷的艺术特色》中记载：这是器形互相融合改良设计的结果，因为传统观念中的器形设计一般是非此即彼的，不能混搭。如大型盛面食的碗一般为正德器，该种器形创于明代正德时期，清代用

图 2-12 青花梧桐汤匙

图 2-13 青花梧桐品锅锅盖

图 2-14 青花梧桐品锅侧面

于对欧贸易，为消费者所认可，但它在组合时却会排斥其他器形。

设计师专门增加了用于盛装墨鱼汤的大型罐类容器，称之为墨鱼罐。其长轴约为 50 cm，短轴约为 30 cm，高约为 30 cm。这是该系列中体积最大的一件产品，也是花面应用最完美的一件产品。盖纽用向日葵装饰，两边把手用藤装饰，底脚部用八宝图案装饰。墨鱼罐两侧的把手与器皿本身一起旋压成型，而不必另行粘接，有利于提高生产率和成品率。每个把手与罐体有四个接触点，把手设计成较大的圆棒形，

图 2-15 青花梧桐杯具

图 2-16 青花梧桐餐具的主要花面

图 2-17　从大到小的各种餐盘，最大的餐盘直径达　　　图 2-18　边缘装饰
　　　　　40 cm

以方便端执。盖钮尺寸接近成人手掌心的尺寸，使得手指不必屈握过度，抓握容易；盖钮高约为 4 cm，使得除第一指节之外，第二、第三指节均可以用上力，握持轻松、省力，又由于钮体向内倾斜，呈现倒金字塔形，因此人们使用时感到稳当。盖钮圈边上多数有半圆形的缺口，这样的结构能防止烧制过程中盖体的变形缺陷。同时，在用热碱液机器洗涤时，盖钮内的积液容易溢出；用远红外线干燥时，里、外均易

图 2-19　青花梧桐 172 头餐具（部分）

图 2-20　青花梧桐墨鱼罐

图 2-21　青花梧桐墨鱼罐盖装饰

受到照射，有助于迅速排出水分；缺口的均匀分布也使得在手绘装饰彩绘阶段可以找准部位。

整个产品展现的是不同视角的同一个景观，并以通景的逻辑加以连接。在产品上不断出现的江畔楼阁、石桥、假山、树等元素，使产品整体呈现出强烈的文化韵味。由于这套产品的成功设计，青花梧桐花面被更加广泛地应用到其他产品上，例如，大尺度的平盘、各类配套的生活用具，甚至坐具上都有应用。

青花梧桐餐具的底部印有"人民瓷厂"和"景德镇"的繁体汉字，"人民瓷厂"

图 2-22　青花梧桐墨鱼罐侧面

四个字设计成弧线形，"景德镇"三个字采用横向直线排列，蓝色的标志宛如印章般刻在洁白无瑕的器皿上，显得淡雅脱俗。

长青牌出现在 20 世纪 70 年代末期，也许是觉得在底部标识品牌名称与产品本身传统的民族风格不符，也许是因为当时品牌观念还未像现在这样根深蒂固，在产品上始终没有出现过品牌名称，但其产品本身的设计足以使消费者记住人民瓷厂的青花梧桐。

三、工艺技术

青花装饰品种繁多，既可用于陈设瓷器，又可用于日用瓷器的装饰。同时，青花还可与釉里红、釉下五彩以及釉上各种彩饰方法结合进行装饰。它是我国最具民族特色的瓷器装饰。

瓷盘的平整度和瓷面的光洁度是其标准化批量生产的难题。从各种不同尺度的瓷盘剖面来看，其不同位置的壁厚设计是克服产品变形、保证成品质量的重要措施，科学的壁厚设计还能有效地节约原材料。而釉面结晶的状态则决定了成品表面的光滑程度。这一切并不是完全靠经验可以解决的，必须在显微镜下做观察和比较。1979 年，针对两个技术难题，全国日用陶瓷工业科技情报站和轻工业部陶瓷工业科学研究所搜集了世界各国的情报资料进行对比研究，用于提升中国产品的品质。这份资料针对日本、德国、英国、中国景德镇的瓷盘产品，对其平整度、瓷面的光洁度问题做了专题比较，并提供给景德镇相关生产工厂。在这次比较中，瓷盘产品选择的样品就是人民瓷厂生产的平盘。这份资料现为中国工业设计博物馆所收藏。

在更早一些的时候，由全国日用陶瓷工业科技情报站、江西省陶瓷工业科学研究所编辑的内部刊物《瓷器》1975 年第 1 期中集中讨论了减少、克服产品变形的问题。在编者的话中开宗明义地指出产品变形问题是当时日用陶瓷生产中普遍出现的缺陷之一。刊物登载了 18 篇论文，并将收集到的其余 80 余篇论文的题目附在最后。

随着成套产品需求的不断上升和生产规模的扩大，急需规范配套数量和品种。

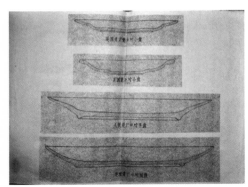

图 2-23 日本、德国、英国、中国景德镇瓷器的分析报告

1974 年,《景德镇陶瓷》第 2 期上刊出了各类餐具配套列表。经过长期摸索和实践,这一重要的技术标准终于成型。

具有民族风格的景德镇青花瓷在国内外享有崇高的声誉。它的配套瓷比一般的新彩配套瓷售价高;而且日本和美国每年都要从我国进口不少,是一种很有竞争力的产品。然而作为成套瓷,其生产规模及发展速度远远满足不了时代的需要。重要的原因是,许多青花工艺技术方面的问题没有解决,配套率极低。

一套好的青花瓷,除了要符合新彩成套瓷同样的标准外,还要求每件产品的青

图 2-24 1974 年《景德镇陶瓷》第 2 期封面

花釉色应纯正、深沉、莹润青翠，并按设计规定的浓淡层次发色一致。然而，实际生产中很难达到如此理想的效果。蓝的色调有深、浓、浅、淡、发灰、发黑、泛红、泛紫等多种，釉色的不一致破坏了青花配套瓷完整、协调、和谐的美，破坏了它的艺术感染力，极其严重地影响了配套率，是青花配套生产中最大的问题。另外，青花装饰工效低、单件出品量少，为配套提供的基数甚小，也影响了配套率的提高。具体来看，影响套配率的因素主要有青花釉色的不利影响和传统装饰工艺与现代生产的矛盾。

表 2-1　　　　　　　　　　　　饭具配套

品名	件　数														
圆　托		1		1	1	1		1		1		1		1	
勺（调羹）	1	1	1	1	1	1	1	1	1	1	1	1	1	1	
饭　碗	1	1	1		1			1	1	1	1	1	1	1	
汤　碗				1	1		1	1	1	1					
盘			1		1	1	1	2	2						
面　碗											1				
酒　杯											1		1	1	
布　碟											1	1	1		
12.7 cm 盖碗															4
17.78 cm 盖碗														1	4
22.86 cm 盖碗														1	4
酱 油 碟												1	1	1	
甜 品 碗												1	1		
6.35 cm 盘										1					
件数合计	2	3	3	3	4	4	4	5	5	6	6	6	6	7	12

表2-2　中餐具配套

序号	合计	22.2cm 正德茶壶	18.5cm 正德茶壶	16.2cm 正德大碗	13.6cm 正德工碗	12.6cm 正德汤碗	11.5cm 正德大碗	10.8cm 正德小碗	9.2cm 正德茶盅	25.4cm 琢古酒盅	22.9cm 琢古碗	20.3cm 琢古碗	17.8cm 琢古大碗	30.5cm 正德碗	25.4cm 正德碗	22.9cm 正德碗	17.8cm 正德碗	12.7cm 正德碗	7.6cm 正德碗	6.8cm 正德碗	40.6cm 鱼盘	35.6cm 鱼盘	30.5cm 鱼盘	22.9cm 汤盘	20.3cm 汤盘	12.7cm 汤盘	25.4cm 平盘	22.9cm 平盘	20.3cm 平盘	17.8cm 平盘	15.2cm 平盘	六号器皿	三号器皿	筷子架	勺	汤匙	鱼碟	牙签杯	7.6cm 调羹架
1	29		1			8																				4										8			
2	31			6	8															8				2											8			
3	35		1	6	8															8				2						6					8			8
4	38			6	6															10						4	6						1		6	1		
5	38				10	10			8											10					2	4			4				1		10	1		
6	38				10				10											6	1												1		6	1		
7	38				6				10											10						6	6		4	6			1	1	10	1		
8	43				10	10		10	12					4					8	10	1												1		6	1		
9	43			4		10			10		4	4	4							10	1			2	4			2	4				1		10	2		
10	64	2	4	8	8	8											8	8	10	8	1			4	4			2					1		8	2		
11	64	2	4	2		10					4	4	4				8	8	10	8	1			4	4	4	2		4			1	1		10	2	1	
12	82		4	4	12	12	10	10	12							1	10	10	10	10	1			4	4			4		10		1	1		12	2	1	
13	86				12	12	12		12							2	12	12	12	12				4	4						12		1			2	1	
14	92		4	4	12		12	12	12		4	4		1			12	12	12	12	1			4	4			4	4		12	1	1		12	2	1	
15	92				12		12	12	12							1	12	12	12	12	1			4	4					12		1	12	12		2	1	
16	92		4		12			12	12								12	12	12	12	1			4	4		4	4				1	1		12	2	1	
17	96			4	12	12	12	12	12		2	2	2			1	12	12	12	12	1			4	4				4			1	1		12	2	2	4
18	96	2	2		12	12		12	12							1	12	12	12	12	1			4	4		4	4	4			1	1		12	2	2	4
19	98				12	12		12	12		2	2	2			1	12	12	12	12				4	4			4				1	1		12	2		
20	101				12	12		12	12							1	12	12	12	12	1			4	4			4				1	1		12	2		
21	102			4	12	12	12	12	12		2	2	2			1	12	12	12	12	1			4	4			4				1	1		12	2		
22	104				12	12	12	12	12							1	12	12	12	12	1			4	4			4				1	1		12	2		
23	108				12	12		12	12		2	2	2			1	12	12	12	12	1			4	4			4				1	1		12	2		
24	108			4	12	12		12	24		4	4	4		2		24	24	24	12	1			4	4			4			12		1		12	24	2	
25	114	2	4	4	12	12	12	12	12					4		1	12	12	12	12	2			4	4		1	4	4	4		1	1		12	2	2	4
26	118	2	4	4	12	12		12	12	2	2	4	4	4		1	12	12	12	12	2		4	4		1	4	4	4			1	1		12	2	2	4
27	118	2	4	4	12	12		12	12	2	2	4	4	4		1	12	12	12	12	2			4	4		1	4	4	4		1	1		12	2	2	4
28	120	2	6	2	12	12		12	12					2		2	12	12	12	12	2		2	2			8	8		4		1	1		12	2	2	4
29	128				24	24	12	24	24	2	4	4	4				24	24	24	24	2			6							24	1	1	24		6	
30	132			4	12	12		12	12		2	2	2			2	12	12	12	12	2		2	4				4				1	1		12	24	2	
31	137		6	4	24	12		12	12	2	4	4	4		1	1	12	12	12	12	2	1		4			2			12		1	1	12		4	2	4
32	140		4	4	24	12		12	12		2	2	2		1	1	12	12	12	12	2	1		4			2			12		1	1	12		4	2	4
33	141		4	4	24	12		12	12		2	4			1	1	12	12	12	12	3	1		4			2	2	4	12	12		2	1	12		6	2	4
34	147		4	8	24	12		12	12		4	4	2		1	1	12	12	12	12	3	1		4			2	2	4	12	12		2	1	12		6	2	4
35	181		6		12			12	24		4	4					12	12	12	12				8			8				24	2	2		15	4		6
36	214	2	6	6	24	24	15	24	30	2	6	6	2	2	1	2	15	15	15	15	1			10	10			10	10	10	12	15	2	2	24	15	3	4	
37	245	2	8	8	24	24	24	24	24	2			2		1	1	12	24	24	24	1	2		6				10	10	10	12	24	2	2	24	24	6	2	
38	257		6	6	24	24		12	24		2						12	12	24	24	1	3		6				10	10	10	12	24	2	2	12	24	6	2	
39	268		6	6	12	24		12	24	2							6	12	12	12	1	3		12			8	12	10	10	12	12	3	3	12	24	8	2	
40	268	30	8	8	12			12	12						1		6	12	12	6	1	3		12	12		12	12	12	12	6	12	3	3	12	12	8	2	

表 2-3

西餐具配套

编号	壶	糖缸	奶缸	杯	碟	40.64 cm 长盘	30.48 cm 长盘	35.56 cm 长盘	22.86 cm 斗碗	20.32 cm 斗碗	19.05 cm 斗碗	17.78 cm 斗碗	16.51 cm 斗碗	15.88 cm 斗碗	15.24 cm 斗碗	13.97 cm 斗碗	12.70 cm 斗碗	22.86 cm 汤盘	20.32 cm 汤盘	17.78 cm 汤盘	15.24 cm 汤盘	12.70 cm 汤盘	30.48 cm 平盘	26.67 cm 平盘	25.40 cm 平盘	22.86 cm 平盘	20.32 cm 平盘	17.78 cm 平盘	16.51 cm 平盘	15.24 cm 平盘	12.70 cm 平盘	26.04 cm 锅式平盘	23.50 cm 锅式平盘	16.51 cm 锅式平盘	汤锅	素菜斗	汁斗	鸡蛋盅	胡椒筒	盐筒	13.97 cm 水果碟	件数合计
1			1	1	1													1								1																5
2		1	1				1		1																														1			5
3		1	1				1		1																														1	1		6
4	1	1	1	2	2																									1												8
5				2	2																			2				2		2												10
6				6	6																									6												18
7				4	4										4											4				4												20
8				4	4								4													4		4														20
9	1	1	1	4	4										4											4				4												23
10							1	1	1									6							6			6							1		1		1	1		25
11						1		1	1									6							6			6							1		1		1	1		25
12							1	1	1	1								6								6		6							1		1		1			25
13							1	1	1	1								6								6		6							1		1		1	1		26
14	1	1	1	6	6										4											4				4												27
15				6	6										6											6		6														30
16				6	6										6										6	6		6														36
17				6	6															6				6				6		6												36
18	1			6	6										6										6	6		6														37
19	1			6	6										6										6	6				6												37
20	1	1	1	4	4	1		1												4		4				6		4		4					1	1	1					38
21	1	1	1	6	6		1								4					4				4		4				4									1	1		38
22			1	6	6															6				6				6		6					1							38
23	1	1	1	6	6		1												6						6			12							1							41
24	1	1	1	12	12																				2			12														41
25				6	6										6							6										6	6	6								42
26				12											6										6	6				12												42
27				6	6										6						6				6	6		6														42
28	1	1	1	8	8										8																		8	8								43
29	1	1	1	6	6			1	1										6		6						6			6					1	1	1					44
30		1	1	8	8			1		1					8										8				8													44
31		1	1	8	8			1	1				8												8				8													44
32	1	1	1	10	8			1											8						8			8								1						47
33	1	1	1	6	6	1		1												6		6				6		6		6					1	1	1					50
34		1	1	8	8		1		1		8					8									8				8													52
35		1	1	8	8			1	1		8														8				8												8	52
36		1	1	8	8		1		1						8	8									8					8												52
37		1	1	8	8			1												8		8		9						8												52
38		1	1	8	8			1												8		8		8						8						1	1					53
39	1	1	1	8	8	1	1								8		8							8						8												53
40		1	1	8	8		1		1		8					8									8				8										1	1		54
41		8	8	8	8															8					8						8											56
42						1	2	1	1										12			42	1		1	24		12							1		1					57
43	1	1	1	12	8		1		1				8																			8	8	8					1	1		59
44		1	1	12	12			1												8		8		9						8												60
45		1	1	8	8			1												8		8		9				8		8						1	1					62
46		1	1	12	8			8				8					8								8					8						1						63
47	1	1	1	8	8	1	1												8		8		8										8	8	1	1	1					64
48	1	1	1	8	8	1	1												8		8				8	8		8							1	1	1					64
49	1	1	1	8	8	1	1				8					8									8	8		8							1	1	1					64
50	1	1	1	8	8	1		1												8		8				8		8		8					1	1	1					64
51	1	1	1	8	8			2												8		8		9				8		8					1		1					64
52	1	1	1	8	8	1		1											8		8				8		8	8							1	1	1					64
53	1	1	1	8	8	1		1												8		8			8			8		8					1	1	1					64
54	1	1	1	16	16	1		1																8		8		8							2		1					64
55	1	1	1	15	15	2	1		1			12												12			12	5		9							1					88
56		1	1	12	12	1	1													12		12		13						12	12				1		1					91
57		1	1	12	12	1	1													12		12		13						12	12					1	1					91
58		1	1	12	12	1	1					12								12				12						12	12				1	1	1					91
59	1	1	1	12	12	1	1												12		12				12	12		12							1	1	1					92
60	1	1	1	12	12	1	1												12		12											12	12	12	1	1	1					92
61	1	1	1	12	12	1	1				12					12									12	12		12							1	1	1					92
62	1	1	1	12	12	1		1												12		12				12		12		12					1	1	1					92
63	1	1	1	12	12	1		1			12					12									12		12	12							1	1	1					92
64	1	1	1	12	12	1	1	1		1								12							12		12	12		12					1	1	1					94
65						2	2	2										12					2			36		24		12	12					2	1					107
66	1	1	1	12	12	1	1	1		2								12							12	12	12	12		12					1	1	1	12	1			120
67	1	1	1	1	1	1	1	1	1	2				8				12	12				2		12	12	12	12		12					1	1	1	12	1			121

表 2-4　　　　　　　　　　　　美国市场西餐具配套

品名	规格	配套餐具件数						
		5头	20头	45头	湖南建湘（海鸥）45头	湖南国光 45头	景德镇宇宙（米卡沙）45头	92头
餐盘	26.67 cm 平盘	1	4	8	8	8	8	12
杯	带脚，容量 220 ml	1	4	8	8	8	8	12
碟	——	1	4	8	8	8	8	12
沙拉盘	19.05 ～ 20.32 cm 深盘	1	4	8				12
汤盘	17.78 cm 深盘							12
	22.86 cm 深盘						8	
面包奶油盘	13.97 ～ 17.78 cm 深盘	1	4	8				12
	17.78 ～ 19.05 cm 深盘				8			
	17.78 ～ 20.32 cm 深盘					8	8	
水果盘	13.97 ～ 15.24 cm 深盘							12
鱼盘	30.48 cm 深盘							1（外加件）
鱼盘	35.56 cm 深盘				1	1	1	1
沙拉碗	16.51 cm 深盘					8		
	19.05 cm 深盘				8			
	25.40 cm 深盘							
菜碗	21.59 cm 斗碗						1	2
	22.86 cm 斗碗				1	1		
	23.70 cm 斗碗				1			
汁斗	容量 1 602 ml							1
糖缸	带盖，算两件				2	2	2	2
奶缸	——				1	1	1	1

第二章　青花瓷器

1. 青花釉色的不利影响

青花釉色不一致是由许多复杂因素引起的。青花是介于坯、釉之间的蓝色，它的发色是釉料、颜料、瓷胎三者对光波的吸收与反射的综合结果。光学特性的任何变化，均能引起蓝色在其光谱范围内相应蓝色基调的变化，使蓝色显示出不稳定。影响蓝色不稳定主要有以下几个原因。

首先是颜料引起的变化。青花生产中所用的颜料，是一种不稳定的发色基团。因为景德镇市自古以来采用的青花料都是以天然钴土矿或以此矿为主的原料配制而成的，它包含着各种着色氧化物的混合物。蓝色的深浅色调的变化，取决于氧化钴、氧化铁、氧化锰等着色氧化物的含量及其比例。天然钴土矿是一种成分变动较大的矿物，不同的产地、矿层、矿点，所呈现的蓝色的差别是很显著的。历代青花瓷不同的釉色就是使用不同钴土矿的结果。进口的苏泥勃青青花料与国产土料的发色就有不同的特色。即使在同一历史时期，采用同种矿料，由于精炼方法或配入原料的差异，釉色也会出现差别。景德镇生产的传统青花瓷和青花玲珑瓷，就因其青花料组成的不同和配制方法的差异而影响了釉色与艺术风格。另外，青花料的釉色，也会随着颜料的浓度、坯釉的性质以及烧成操作的不同而变化，这就会造成青花釉色的深浅不一。现在生产传统青花瓷所用的颜料，虽然有的也引用一部分煅烧色基，在配方中有的又配入少量天然钴土料与工业氧化钴，未经煅烧的组分是以分子状态存在的，高温下化学性质极为活泼，会重新进行固相反应，出现上述同样的不利影响。部分煅烧色基，由于缺乏必要的设备与控制手段，经常出现欠烧或过烧现象，亦不能保证获得稳定一致的发色基团。同时，氧化钴在 700 ℃以上时，全部以 Co_3O_4 的形式存在，当升温过急或釉层太薄时便会引起青花釉色不一，降低正品率，影响配套生产。

同种颜料，在坯上附着厚度不同，蓝色也有深浅不同的变化，青花装饰正是利用这个特点来达到美术图案中色阶要求的。但在采用手工分水时，由于人的填料操作受精神状态、操作习惯以及颜料调制浓度、坯的干湿程度等因素的影响，难以使每件产品达到一致的色调。特别是品种复杂，数量多，转产频繁等因素使釉色不一致的情况更加严重。即使采用较为稳定的人工合成青花料，也难以幸免。

其次是釉料的影响。青花料绘在未经施釉的坯胎上，烧后带黑色，只有罩上一层透明釉后方显现蓝色。由此可见釉层对发色的作用。釉在高温时与不稳定颜料发生复杂的固相反应，同时釉面的光泽熔亮程度等都足以引起釉面光学特性的变化，从而影响青花的釉色。透明釉过去采用石灰釉，现在采用石灰－碱釉。后者的性质介于长石釉与灰釉之间，烧成范围较石灰釉宽，使青花适应煤窑烧制。但其透明度与高温流动性较石灰釉差，而青花的釉色恰恰对此类性能非常敏感，施釉厚度与烧成温度若有稍许差异，同样的色阶则会显出不同色调的蓝色来。

在实际生产中还有某些产品因施釉困难，青花呈灰蓝色，造成了配色的困难。例如，满花的平盘，因采用旋釉法施内釉，中心部位的釉浆甩不出去，积釉较厚。特别是鱼盘等异型产品，难以获得均匀一致的釉层，会经常出现此类缺陷。

青花釉色除了上述两个主要影响因素外，还存在着许多其他方面的影响。例如，瓷坯的瓷化程度、生产周期、装箱运输方法不当等问题都可能造成不利影响，这是配套生产中不可忽视的问题。还如，青花瓷生产厂房狭小简陋，没有专门的配色工序与场地，还是按老习惯选瓷、包装，也影响了配套率的提高。

2. 传统装饰工艺与现代生产的矛盾

首先，青花瓷在几百年的发展中，形成了独特的艺术传统与民族风格。它讲究分水、水路与整体装饰。生产中常用的图案边花与满花面，其花形结构复杂，又有较烦琐的边足、箍线配合。例如，青花梧桐山水花面由 17 块不同的花面组成，进行装饰时颇费工时，但随意更改设计的话又容易影响传统风格，达不到应有的艺术效果。

其次，青花装饰的对象是生坯而不是瓷器。景德镇生产的生坯强度较低，这一方面要求装饰操作要小心缓慢；另一方面由于装饰过程中多次向坯体中引入较多水分，必须分几次干燥排出，才有利于精坯操作与釉层均匀。现实生产中，绝大多数工厂采用天然干燥法，生产周期长，也影响配套与交货。

在装饰方法方面，手工分水远不能适应青花瓷配套生产的发展，故有逐步扩大采用带水贴花装饰方法的趋势。后者虽有工效快、产量高的优点，但使用带水贴花花纸时须用一定数量的黏结剂，致使花面部位吸釉能力比其他部位低。特别是平盘类品种，旋釉时，釉在盘面上停留的时间短，贴花与未贴花两部位的着釉厚度不一，会形成凹凸不平的釉面。传统的花面如洋莲、梧桐，因有连续的边足图案，无法使用带水贴花工艺，故这类花面的部分品种仍采用手工分水法装饰，因而易使釉色不一致，边足图案釉色不匀净，也影响了配套率。

为解决上述问题，在工艺上要进行更新和改进。首先，更新青花料的传统配制方法，采用新的人工合成青花料。早在多年前，日本人植田丰桔氏将钴、镍、锰的铁氰化合物与高岭土混合，用湿法制得人工合成青花料。轻工业部陶瓷工业科学研究所采用 $MnO-Co_2O_3-Fe_2O_3$ 系统色基为基础，再配入 50% 的填充料，如矾土、高岭土或制瓷坯泥等，制得在高温时发色稳定并能达到传统色调的青花料。这些方法中比较成功的是引入矾土或制瓷坯泥的青花料，其釉色青翠，接近传统青花色调。

人工合成料因采用工业氧化物为着色剂，来源便利，化学组成及性质比较稳定，煅烧后所形成的晶体晶格坚固，有利于发色，是一种极好的青花料。人工合成青花料价格低廉，易于粉碎，可缩短备料周期，色调可自如调制，用人工合成青花料取代传统的青花料是发展配套生产的途径。不过一定要严格控制人工合成青花料的制备工艺，如色基原料及填充料的化学成分、研磨细度、煅烧温度等都要用可靠的仪器设备及时加以检测。人工合成青花料的制备过程中，其细度一般要求全部通过 80号筛，在 1 300 ℃左右于还原焰下煅烧，这些工艺参数必须针对不同情况，通过试验再制定出合理的规程。为了得到发育完善的晶体，往往在配料中加入一定数量的矿化剂，但忌在煅烧之后又重新引入着色氧化物，并避免煅烧色基的欠烧与过烧。

在配套生产中要想更大程度地消除青花料方面存在的不利影响，必须采用先进的装饰方法。带水贴花法在青花瓷单件生产中使用多年，它对釉色一致极为有利，但对于某些传统花面与扁平类型产品上存在的困难，只要加以重视和深入研究，是可以解决的。例如，采用"发酵"药水贴花法，在贴花部位涂一笔釉的方法，对贴花坯进行高温、高湿度干燥的方法等都有一定效果。当然，带水贴花法并不是完美无缺的。所以探求更新的装饰方法是发展配套生产中的一个重大研究课题。有人已经开始试验影印法直接装饰青花瓷，值得加以重视和支持。

对釉料配制过程及施釉操作进行严密有效的控制十分重要。采用比重计控制施釉，对保证釉料覆盖厚度一致是行之有效的措施。用比重计控制，可以保证釉色正常一致，一级品的比率可以上升几十个百分点。

满花平盘类产品，中心部位易出现蒙花缺陷，人民瓷厂高档瓷车间曾经采用一种含有少量膨润土的涂料，在常出现蒙花缺陷的部位涂上一圈后再施釉，对解决这一缺陷有一定效果。

景德镇传统青花料有较高的透明度与较大的高温流动性，它能在较大范围内弥补由釉层厚薄不匀引起的料刺、蒙花、色变等缺陷。随着生产条件的改善，若能采用煤气或重油烧成，对青花配套生产釉色一致，提高配套率无疑会有所裨益。

烧成是青花瓷配套生产中最为重要的工序，根据现在的生产经验，青花瓷最好在 1 320 ℃左右烧成，其釉色最佳。烧成气氛在重还原期，Co 的含量宜为 6% ～ 8%，还原末期 Co 含量在 1% ～ 4%，严格防止游离 O_2 的进入，稍重的还原焰应在 1 200 ℃以前结束。

因此，必须对青花瓷生产所用的煤烧短隧道窑尽快加以改造。另外，在青花瓷的配套生产中，最好不要同时采用两种不同类型的窑烧成，以免造成青花瓷釉色的差异。

总之，改革那些落后的、传统的生产工艺，建立相应的管理制度。大力推广青花瓷装饰作业线，缩短青花瓷坯干燥周期，加速配套品种轮换生产，设计新颖、精练，既有传统风格又能提高装饰工效的青花花面，以上几点都有利于日用青花瓷的配套生产。在配套生产中，一定要设立配色工段，将经过分级的瓷器，再进行一次分色配套，即按釉色配套、包装，可以杜绝人为造成的混乱，避免损失。

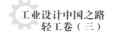

四、产品记忆

《景德镇现代青花、釉里红、斗彩艺术发展综述》的作者张学文曾在该文中记述：
20 世纪 60 年代，为贯彻科研为生产服务的方针，王希怀等三人深入生产青花瓷的专
业厂家新平瓷厂（人民瓷厂前身），帮助该厂进行青花梧桐山水花面的改进和实施
配套工作。

王希怀是景德镇青花大师王步的次子，其父晚年形成的分水泼墨大写意风格对
其影响深远。当年进入江西省轻工业厅陶瓷研究所的傅连友在回忆王步和王希怀时
还画过一张速写。

真正将经王希怀改良设计的青花梧桐山水花面再次创作，并且形成大型系列
产品的是新平瓷厂美术研究室的傅尧笙及设计小组其他成员。傅尧笙（1935—
2003），江西临川人，他 12 岁便进瓷厂做工，1978 年被景德镇市授予陶瓷美术家
称号。他精通各种彩绘手法，既擅长青花、釉里红、颜色釉和釉下彩绘，又对粉彩、

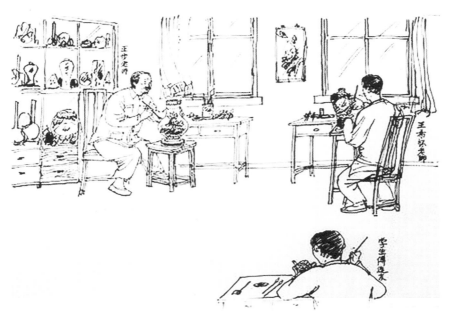

图 2-25　回忆速写：王步、王希怀、傅连友在工作室中

图 2-26　设计师傅尧笙在工作中

新彩等釉上瓷装饰有很深的研究。他能工擅写，巨细皆宜，擅长人物、山水、花卉。在回忆设计过程时，他讲道：在人民瓷厂美术研究所工作期间，有一次重读王勃的《滕王阁序》，一种创作冲动油然而生，当即画下了一批草图，后经反复推敲，分别将石桥行人、花鸟林木、楼台亭榭、层峦叠嶂、波光水影和雁阵渔舟等意境以图案形式而非过去纯粹的国画山水形式设计而成。这种思考方法得益于 1955 年参加了在中央美术学院任教的梅健鹰开办的美术进修班。梅健鹰毕业于重庆中央大学艺术系，后赴美国西雅图华盛顿州立大学美术系学习，后转纽约哥伦比亚大学师范学院获硕士学位，他主张对传统纹样进行改良，并在同期设计过一批中国驻外大使馆用瓷和北京"十大建筑"用瓷，具有较强的图案性。来自传统的力量和来自西方的设计思想交汇后，促使傅尧笙产生了经典的设计。

　　梧桐山水花面是景德镇生产量最大、装饰品种最多、适应范围最广的日用青花瓷花面之一。20 世纪 70 年代以后，人民瓷厂的艺人们为适应扩大生产的需要，对传统梧桐花面进行了多次整理设计和加工提炼，并将产品定名为长青牌。1979 年，长

图 2-27 英文版的产品介绍显然针对西方经销商，可全面呈现餐具的搭配状态

青牌 54 头青花梧桐餐具获国家轻工业部颁发的全国轻工业优质产品奖，同年还荣获国家经济贸易委员会颁发的国家金质奖章。1980 年，长青牌青花瓷获国家工商行政管理总局颁发的国家著名商标产品奖。

1984 年，长青牌 54 头青花梧桐西餐具在国际上连获三枚金质奖章，即莱比锡春季博览会金质奖章、第 15 届布尔诺消费品国际博览会金质奖章、第 56 届波兹南国际博览会金质奖章。

五、系列产品

1. 青花梧桐大缸

青花梧桐一直是文人雅士喜欢的题材，而大缸作为传统书房内的一个大件，主要用于存放画轴，同时也作为一种装饰物件，所以其设计十分重要。20 世纪 50 年代，景德镇人民瓷厂再次设计制造了青花梧桐大缸。当时无论在工艺上还是在装饰设计上都受到高度重视，被认为是体现工厂整体工艺实力的代表性产品。从产品的工艺技术来看，采用了上好的高岭土材料，胎质细腻，微微泛着青光，显得既成熟又朴素，从而使产品具有了格调。

图 2-28 青花梧桐大缸

　　从其装饰设计来看，虽然比前代的同类题材的花面要简洁一些，但是在设计和表现的理念上并没有多少改变，是一件熟练的工匠之作。但是由于器具的体积比较大，花面上无论是山、水、树木还是建筑，都被放大到相当的尺度，以至于可以细

图 2-29 青花梧桐大缸局部

细品味这些描绘对象的细部，因此其表现技巧显得特别重要。工艺师对国画山水的表现技巧是非常娴熟的，对传统画谱的领会也十分完整。从产品上来看，上沿口用暗八仙连成一个装饰带，接近底部用芭蕉纹样装饰，其中镶嵌着一朵小花，这是一种非常传统的设计。其中建筑的造型更加接近明代的风格，结构有序，十分简洁。建筑底部的小花与芭蕉纹样装饰中镶嵌的小花是一致的。松树画出直杆，其叶稍长，略有夸张，用淡色渲染以后颇有精神，虽然没有施以淡绿色，但是也给人以生机勃勃的感觉。其他杂树分别用介字点、夹叶法画出，行者、渔夫用简笔勾勒而出，整个花面以水面为白、以山石为黑，互为映衬，具有比较浓郁的传统艺术气息。

2. 荷叶形青花梧桐配套餐具

荷叶形青花梧桐配套餐具的造型特点是其中的几个餐具的沿口设计为荷叶形，使产品更加精致，更加具有高档的感觉。20世纪80年代，这种荷叶形状的瓷器在国际市场上非常流行。但是其他国家的这类瓷器表面的装饰相对比较简单，在与国际

图2-30　荷叶形青花梧桐配套餐具

图 2-31　高脚盏上的青花梧桐山水花面应用

瓷器代理商商量以后，决定以原来的青花梧桐产品为基础进行设计，强调适合西餐使用。中国出口商想基于原来产品的知名度做深度开发，使这个系列的产品具有更长的市场生命力。当时无论是中国出口商还是工厂都已经有了一些品牌意识，但是还不够成熟，没有一套明确的操作方法，所以思考的重点还是如何将产品做好。

　　餐具造型的设计变化对工艺技术提出了挑战，但当时景德镇的科研能力已经大大提升。20世纪80年代，基于国家轻工业发展陶瓷出口的政策优势，景德镇的科研体系有力地支撑了各个工厂的设计与生产。另外，景德镇当时为国外客户定制过类似的产品，积累了丰富的经验，所以工艺问题得到了妥善解决，花面设计经过细微的调整和补充设计也达到了理想的效果，新增加的方中带圆的品锅更加切合西欧、北美市场的需求。产品设计过程中特别注意增加新的，具有使用必要性的餐具，以更好地提升餐饮的视觉美观度。例如，高脚盏可以用来放置有特色的菜肴，也可以放置水果，其高脚的设计突出了被放置食物的特殊地位，起到了画龙点睛的作用。

第二节　青花玲珑45头清香餐具

一、历史背景

　　青花玲珑瓷是景德镇独创、闻名中外的传统装饰艺术。玲珑眼多为米粒状，也有水点状、浪花状、兰花瓣形、桃形、菱形等，俗称"芝麻漏"，又称"米花"，日本称"米通""萤手"，西方人把青花玲珑瓷叫作"嵌玻璃的瓷器"。青花玲珑瓷具有独特的艺术风格，它采用镂雕艺术的妙法，吸取青花艺术的特长，将两种装饰结合在白中泛青的瓷胎上，斑斓透明的玲珑图案与青翠欲滴的青花纹样相互衬托，显得格外精巧细腻、朴素大方、清新明朗。

　　青花玲珑瓷源于宋代，当时景德镇制作了一种镂空瓷香熏炉，传说有一次由于窑温过高，流淌的瓷釉将香熏炉那些原该透烟气的孔洞封闭了，形成透明而不透气的效果，在光线照射下，洞眼晶莹透亮。瓷工由此得到启发，有意识地在坯体上镂空形成孔眼，然后填满透明釉入窑烧成。经过历代瓷工长时间的反复试制，明代永乐年间，便形成有透明釉色，对称长条形的通花洞，因其玲珑剔透，加上以青花料描绘的花卉纹样，成为最初的青花玲珑瓷。明代成化时期，青花玲珑瓷的制作达到一定的水平，玲珑眼虽大如黄豆，但极为平整，用手抚摸很难找到玲珑眼的部位，然而对光一照，透明的玲珑眼便跃然眼前。

　　清代乾隆时期是青花玲珑瓷的鼎盛阶段，并在器外底部书款"玩玉"两字。自此以后，随着国力以及制瓷工艺的衰退，青花玲珑瓷亦开始呈现出一定的下滑之势，但总体而言依旧拥有较大的国内外市场。

中华人民共和国成立以后，工艺技术人员在继承传统的基础上不断创新，青花玲珑瓷的品种越来越多。除日用瓷器外，还有各种陈设瓷器。青花玲珑瓷的花面布局独具匠心。日用瓷器以玲珑装饰在器壁中间部位，米粒状的孔眼均匀排成菊花图案，青花装饰在内外口沿与边脚部位，内底部绘龙心或花心，寓意高贵吉祥；陈设瓷器的装饰题材丰富，玲珑眼也不再拘泥于传统的菊花图案，而是运用镂空和半刀泥相结合的方法，把玲珑雕成花鸟、水浪等形状。除了与青花结合外，还与釉上粉彩、新彩及色釉等结合在一起，增强了玲珑的装饰效果。青花玲珑瓷多次被选为国家礼品馈赠外国元首，如 1979 年，邓小平副总理访美时赠给时任国务卿的基辛格青花玲珑 150 件瓶；1987 年，中国政府赠送来访的民主也门总理一套青花玲珑 20 头餐具。

景德镇光明瓷厂是以"青花玲珑之家"著称的专门精制青花玲珑瓷的企业。该厂在继承和发展传统特色的基础上对青花玲珑瓷的器形和装饰手法进行改革和创新，使之古今相融，相得益彰，品种齐全，丰富多彩。该厂不仅能大量生产各式餐具、茶具、咖啡具、酒具、文具等 200 多个品种，而且能精制各种名贵的花瓶、薄胎碗等高级陈设瓷以及各种高档的展览礼品瓷。产品由原先风靡全国发展到大踏步地走向世界，畅销东南亚、日本、欧美等市场，遍及世界五大洲 120 多个国家和地区。20 世纪 80 年代，青花玲珑瓷的发展进入了新的鼎盛时期，光明瓷厂生产的玩玉牌青花玲珑瓷先后又有三套新产品荣获轻工业部优胜产品称号，在 1981 年和 1984 年两次荣获国家金质奖章。光明瓷厂生产的青花玲珑瓷将青花与玲珑二者在工艺制作和艺术处理上巧妙地结合在一起，碧绿透明的玲珑和淡雅青翠的青花互相衬托，相映生辉，给人以清新明快之感。它以工艺精湛、风格独特、美观适用、无铅毒的特点独树一帜，驰名中外。1986 年，青花玲珑 45 头清香西餐具在莱比锡国际博览会上获得金质奖章。青花玲珑瓷还于 1989 年、1991 年分别在首届和第二届北京国际博览会上获得金质奖章。1979 年以来，该厂生产的产品共获省部级奖牌 26 块。1981 年到 1990 年，光明瓷厂生产的青花玲珑瓷达 5.76 亿件。

二、经典设计

    青花玲珑45头清香西餐具是光明瓷厂在继承传统特色的基础上，跳出工艺装饰老十字边、工字边和芭蕉脚的束缚，积极开拓的创新产品。它既适用于高级餐厅和家庭，又是精美的陈设工艺品和馈赠宾客的高级礼品。该套餐具以满足西式用餐习惯为设计目标，结合当时的时代特色展开构思，结构简练，配套合理。整套餐具的器形线条流畅，口部如喇叭状，足部稍向外撇，具有秀丽挺拔、清新明快、高雅洁净、精美别致的特点。餐具共分10个品种45件产品。单件品种有鱼盘、荷叶顶碗、糖缸、奶盅，合件品种有大平盘、小平盘、荷叶大碗和小杯、小碟，其使用功能和器形特点可满足当时人们生活上的需求。装饰方面，构图新颖大方、自由活泼，不但纹样精巧细腻、料色层次分明，而且每件产品从单件欣赏到整体组合都能烘托出生机盎然的气息。尤其是整套餐具的中心图案以"花中之王"牡丹为主题，象征着吉祥和幸福。设计者既努力地保持了中国画中牡丹画法的神韵，又竭尽全力适应产品的特征，其中把含苞待放的小花朵移植到瓷器周围的设计丰富了花面，形成了节奏感，再配以小花和野草，并交叉点缀上翩翩飞舞的蝴蝶，构成了一幅栩栩如生、欲动还静的牡丹蝴蝶闹春图。设计者还别具匠心地在底心周围分布海棠与桂花剪枝的两道花边，

图2-32　青花玲珑45头清香西餐具（部分）

图 2-33　青花玲珑 45 头清香西餐具主件——圆盘

犹如绿草茵茵的花圃中盛开着芬芳鲜丽的海棠花和香飘宇间的桂花。米粒状的雕花玲珑眼呈碧绿透明的蝴蝶形，在青花图案的衬托下别有一番情趣，仿佛一只只蝴蝶都欲飞入花丛中去享受沁人心脾的清香。整体设计展现出生机勃勃、欣欣向荣的景象，给人们带来轻松愉快的精神享受。

三、产品记忆

光明瓷厂的建立同样是出于青花玲珑瓷外贸出口的需要，但是客观上保留和传承了青花玲珑瓷的工艺和技术，并且使之向成套产品的方向发展。

20 世纪 80 年代以来，玲珑瓷的品种有了新的发展，玲珑眼的形状也从传统的米粒状演化到月牙状、流线状、圆珠状、菱角状、多角状等规则和不规则的形状。在艺术家的刀笔下，还可组成蝴蝶、花草、凤凰、水浪、云朵等各种玲珑图案，常与青花图案相互配合，形成一个有机的整体。但是对于玲珑工艺的专题研究一直处于空白状态，相关记载多是一些操作过程的观察记录。玲珑眼为手工制作，与标准化、批量化生产的理念不一致，如何保证产品质量成为工艺技术体系中的一个难题，批量产品的标准化问题一直没有得到很好的解决。景德镇市技术监督局在认真总结陶瓷质量监督检验经验的基础上，提出了对日用陶瓷产品的器形规格标准合格率、主要缺陷率和出厂产品漏检率（简称"三率"）统一进行考核。景德镇市技术监督局会同江西省陶瓷工业公司一道对全市 27 家日用瓷器生产企业进行了历时 23 天的"三率"考核的尝试，对主要生产青花玲珑瓷的光明瓷厂也实施了这种考核。实践证明，这一方法有助于提高产品质量，保障了许多出口产品的交货时间。但不可否认的是，玲珑制作的工艺环节并不能被涵盖，即便发现了问题也无法采取相对应的改进措施，归根结底还是大量手工操作所致。另外，青花玲珑瓷的设计主要依靠艺术家和具有特别技能的工艺师，制造样品时可以集中一批技艺高超的人员进行攻关，但是一旦拿到批量较大的订单，需要批量生产时往往较难控制其质量。

毕业于日本明治大学，曾担任北京大学教授的许之衡在《饮流斋说瓷》一书中对玲珑瓷器的评价是"素瓷甚薄，雕花纹而映出青色者谓之影青镂花，而两面洞透者谓之玲珑瓷"。正是由于大家对玲珑工艺的欣赏，引发了光明瓷厂在 20 世纪 70 年代到 80 年代的大发展。该厂的工艺师不但将青花玲珑瓷的设计思维拓展到各式花瓶、花插、花钵等花器和吊灯、壁灯等灯具上，而且应用在日用餐具和茶具中。

景德镇的相关部门为了维护当地日用瓷器的市场利益，进一步发展景德镇市外向型经济，特别是为了维护青花玲珑瓷这类高端产品的市场份额，曾经组织了景德镇市陶瓷贸易考察团。考察团一行 6 人于 1991 年 10 月 22 日至 11 月 16 日赴美国、日本等国家和中国香港进行了市场考察和贸易洽谈活动。考察团成员发现，虽然青花玲珑瓷可以被中国专家诗意化地反复称道，在国际市场上也一度受到商家们的追捧，但是高超的工艺仅仅是产品核心竞争力的一个方面，在现代的国际市场竞争中还要具备其他要素，才能够使产品立于不败之地。首先，青花玲珑瓷这一类产品应该努力在高端产品中应用，避免在中低档产品中与其他国家的日用瓷器打价格战。光明瓷厂的产品与其他中国日用瓷器一样，进入国际市场几乎是几十年一个面孔，有些老客户认为其产品难以适应国际市场多元化的需求。其次，产品合格率低。青花玲珑瓷工艺的复杂性和几乎全部手工制作，使得其合格率一直保持在 40% 左右。特别是青花玲珑瓷成套产品的配套问题，导致供货周期长；即使交货，每件产品的釉色、玲珑眼的规格也很难保持高度一致。

图 2-34　芙蓉青花玲珑碗

四、系列产品

1. 芙蓉青花玲珑碗

芙蓉这一主题的装饰象征着生命的力量与光辉，在日用瓷器的设计中经常被应用。

2. 牡丹蝴蝶青花玲珑碗

牡丹与蝴蝶组成的图案寓意着大富大贵，用青花表现，虽然色彩单一，但是格调清新高雅，玲珑眼的布局更加生动、多变。从纹样应用的角度来看，设计师在中国传统的蝶恋花纹样上进行了新的设计。

图 2-35　牡丹蝴蝶青花玲珑碗

图 2-36　牡丹蝴蝶青花玲珑碗局部

图 2-37 青花玲珑金鱼 15 头咖啡具（部分）

3. 青花玲珑金鱼 15 头咖啡具

青花玲珑金鱼 15 头咖啡具荣获景德镇市 1981 年举办的陶瓷产品新造型、新装饰评比一等奖。花面中竖直形态的金鱼及水草图案与咖啡具的器形相契合。镂雕的玲珑眼形如溅起的水花，点缀在主次纹样之间，令人联想到幽静的池塘里泛起的一片涟漪，整个花面自然生动、韵味隽永。

第三节 青花玲珑加彩团龙
餐具、茶具、咖啡具

一、历史背景

加彩是指在画青花纹饰时留出空白位置，待成瓷后再用釉上颜料在空白处进行彩绘加工，是现代应用较多的装饰形式。这种形式比较自由活泼，釉上的颜色更加鲜艳，可以与青花的素雅色调形成强烈的对比。20世纪80年代以来，景德镇加彩瓷还出现了加彩与斗新彩、斗粉彩、斗釉下五彩及斗色釉等工艺结合的品种。

二、经典设计

　　青花玲珑加彩瓷延续青花玲珑瓷的特征，进一步将青花艺术的美感推向了极致。工艺师们经过长期的探索，创造了"荷花苞"图形，通过符号的组合形成花面，给人以生机勃勃的感觉，也给人们提供了丰富的想象空间。围绕着青花玲珑瓷进行加彩，使得这一图形更富有韵味，为整个产品营造了很好的意境。"荷花苞"在设计时主要用作其他主图形的背景，比如在龙纹图案中。

　　龙纹在历代瓷器装饰中不断地大量出现，尤其是青花龙纹的装饰十分普遍。就用青花表现的龙纹而言，元、明、清三代的龙纹都有各自的特点：元代青花龙纹头小、颈细、龙身细长，脚以三爪为多，料色浓艳、古朴，一般不潜水，纹饰生动，笔法遒劲，气势雄伟；明代青花龙纹精细，水路均匀，比元代青花龙纹粗壮，龙嘴较长，鼻子像猪鼻子，画成一个如意形，整个格调显得华丽繁缛；清代的选料和加工都特别严格细致，所以龙纹形象秀美，线条潇洒，形式多样，龙脚一般均为五爪，色泽鲜艳，层次分明，图案形式也比元代和明代更加规矩整齐，龙纹内容和形式更加丰富多样。

图 2-38　产品上的"荷花苞"

图 2-39　青花玲珑加彩团龙碗

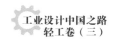

图 2-40　团龙的造型表现

青花玲珑加彩团龙餐具的设计主要吸收了清代的龙纹特点进行了再设计。在青花龙纹的处理中，做到了青白关系的相互衬托，白中有青，青中有白。不仅在白瓷上有青花纹样，在纹样中也有空白，这样能使纹饰更加饱满，既有强烈的节奏，又有统一的色调与和谐优美的韵律，从而产生明净幽雅的艺术风格。同时，金色的描绘也起到了画龙点睛的作用。

景德镇曙光瓷厂的童松迎在《景德镇陶瓷》1994 年第 2 期上发表的文章中认为："团花式"，即在一个圆圈中画一条或两条龙纹适合其形，或者说组成一团。显然这套餐具在构图上吸收了这种构图形式。无论是在什么造型上，龙纹本身总是以不规则的波浪形出现，以这种不规则的波浪形去适应不同的器形、花面的要求，这正是青花龙纹灵活性的表现。

三、 工艺技术

青花玲珑加彩工艺严格来说不是一种独立的工艺技术，而是在青花工艺的基础上用釉上彩再次烧制纹样和色彩的工艺过程。由于加彩的这部分往往还要和玲珑工艺相结合，局部地区还使用金色装饰，所以是多重工艺结合的结果，符合日用瓷器工艺技术叠加使用的原则。这种工艺技术的叠加,使得产品花面更加丰富多彩。在这个过程中,青花描绘的物体显露出蓝色醇厚、含蓄的特点。用它绘制出飞升碧空的龙,增添了龙的神秘感,使龙与天空和大海融于一体,易于产生丰富的联想。这是由于青花工艺是将纹样绘制在坯体上面,再罩一层透明的青白釉,烧成时颜料与釉相互渗透,浑然一体,使龙纹显得更加浑厚。通过这微带青色而又具有透明质感的玻璃釉将繁复与简单、对比与和谐、变化与统一的纹饰巧妙地融合在一起,使作品流露出奇趣,这是其他陶瓷装饰手法不可代替的。在青花玲珑加彩的龙纹装饰中,不仅有古彩苍劲挺拔、生动有力的线条,还有粉彩清秀、柔美的特点,同时还能达到影青刻花的雅致效果。加彩的色彩大都采用红色,细线围绕着玲珑。纹样为实,玲珑为虚,这种虚实是以工艺来实现的。

　　青花龙纹的装饰最讲究青白关系。龙是在带状的龙身上伸出四肢,整个纹样中没有大面积的青和白,多衬以玲珑和加彩表示云彩、火焰或海水,这是青花玲珑加彩产品的一大特点。

　　采用青花玲珑加彩工艺的龙纹还有变工艺缺陷为装饰美的优点:其一,在青花烧成时,若釉料的透明度差,高温黏度大,流动性小或工艺操作时釉层施得稍厚,

图 2-41　青花玲珑加彩团龙咖啡具

即会形成朦胧的状态，在这种情况下，倘若纹饰是人物或花卉，那就是不可掩盖的缺陷。但对绘有龙纹的青花瓷器来说，却并不一定是缺陷，而像是给龙纹罩上了一层浓雾，若隐若现，虚中藏实；其二，若烧成温度过高，釉料流动较大，青花颜色趋向泛黑，则能使龙纹产生水墨效果；其三，若因坯体釉层施得较薄，画坯时青花料画得较厚，或还原气氛不够理想等因素而产生少量的料刺（烧成瓷后，有凸出的黑点），则增强了龙纹的古拙效果，如果这些料刺出现在龙纹的眼睛和龙鳞上，则会有凸出之感，使花面栩栩如生。这都是龙纹所特有的装饰效果。

四、系列产品

1. 青花玲珑加彩团龙咖啡具

青花玲珑加彩团龙咖啡具基本上保持了团龙餐具的设计特征，只是其龙纹的面积比较小，仅在杯底和盘底的正面使用，处于比较隐蔽的位置，整体上是以气象纹为要素进行设计的，辅以杯口、盘口的金边装饰以及龙纹上极小的金色点，显得非常高雅。

青花玲珑加彩团龙咖啡具可以发展成为餐具，所以无论是杯子的设计，还是茶壶、奶缸、糖缸的设计，都采用了模数设计，以在装箱和收纳时节约空间。

图 2-42　咖啡杯与托盘正、反放置时的设计

图 2-43 依据模数设计的产品示意图

2. 彩花餐具

彩花餐具以"荷花苞"作为圈边的装饰，中间装饰花朵。所谓的彩花是指其中的花叶用金色进行了描绘，使产品在加彩的基础上再增加了色彩。

图 2-44 彩花餐具

图 2-45 彩花餐盘

图 2-46　青花玲珑加彩盖碗

3. 青花玲珑加彩盖碗

青花玲珑加彩盖碗以蝴蝶为主题，表现了春意盎然的景象，同时也传达了祥瑞的气氛。加彩工艺与青花工艺相得益彰，圈口饰金的工艺提高了产品的品质感。图 2-46 中右侧的产品是青花玲珑加彩盖碗的姐妹设计，是在工艺上做了减配的产品。

第四节　青花缠枝纹餐具

一、历史背景

缠枝纹是中国传统装饰纹样，以植物的枝干、蔓藤作为图形的主干，向左右、上下蔓延，具有很强的拓展性。这种图形起源于汉代，大量使用在建筑装饰、家具、雕刻、漆器、编织、刺绣等方面。明代称其为"转枝"，是集祥花瑞草为一身的经典图形，清代被复杂化使用。在陶瓷上的应用盛行于元代，到明代与清代时官窑、民窑都使用这种纹样进行装饰，其题材有缠枝牡丹、缠枝莲、缠枝菊、缠枝葡萄、缠枝石榴、缠枝百合、缠枝宝相花、缠枝凌霄、缠枝人物鸟兽等。缠枝纹也被称为万寿藤，是人类生生不息、万代绵延的象征。其灵动的图形适合应用在各种器皿、家具和建筑中。

在图案理论和工艺美术研究方面，缠枝纹一直被许多著名的学者所关注。缠枝纹的主要特征是沿着一个大圆圈的边缘向中心展开三个钩子，三个钩子发展成为三组同样的纹样，这种纹样可以是三个凤形或三枝花、三枝果。田自秉则认为：缠枝纹是以花茎呈波状卷曲，彼此穿插缠绕，并因缠枝的花种不同而得到各种名称。

缠枝纹在发展过程中还受到东南亚文化的影响。在融合其他地域文化设计以后，将陶瓷产品出口到相应的国家，取得了很好的经济效益。一直到20世纪80年代，缠枝纹一直受到国内外市场的欢迎，仍然有继续设计开发的可能性，因此值得认真研究。

二、经典设计

中央工艺美术学院（今清华大学美术学院）胡美生在《景德镇陶瓷》1983年第4期中以《试谈传统陶瓷穿枝装饰的艺术规律》为题，认为这种纹样的设计特点如下：以花为点，以点布位。花不重叠，花宜散摆。曲线为枝，枝不直发，枝不平行，枝不秃断。出枝宜变，相反相成。若另发枝，先顺后换。枝有藏露，藏少露多。顺枝长叶，舒展自然。叶不顺同，叶少交搭。外廓净爽，花叶整全，不缺不残。平摆平穿，紧连顾盼。花主叶宾，皆靠枝连。单枝难成，多枝宜穿。枝有大势，去向明显。

上述总结有一些是操作方法，有一些则是宏观理念。下面以青花缠枝纹餐具为例具体解释。首先，以盘中央的四朵大花确定了基本的格局，外圈也以大花为点，以枝相连，大花之间保持着比较大的距离，并均以小花、花叶充填其中，体现了设计师大处着眼的做法，即"以花为点，以点布位"；其基本骨骼上下、左右对称，实现了"花不重叠，花宜散摆"。其次，以曲线来表现植物的活力和运动感，同时也表现了花草婀娜多姿的美感，即"曲线为枝，枝不直发，枝不平行，枝不秃断"。至于"相反相成"则是指发枝应该一左一右，在不同斜度、不同趋势中运行。在整

图 2-47　青花缠枝纹餐具主件——鱼盘

个设计中，花永远是完整显露的，藏枝不藏花，而枝也是"藏少露多"。再次，最重要的是要保证"外廓净爽，花叶整全，不缺不残"，花和叶子都没有重叠，而这种设计的要点是保持花、叶和空白处能够做到图、底互补。最后，花的面积大，形象也十分丰满，叶则相对简单，要靠枝来连接，即"花主叶宾，皆靠枝连"。

由此可见，缠枝纹是一种独具代表性的装饰，也是日用瓷器中被不断拓展使用的纹样。青花的工艺技术前文已经有详细介绍，在此不再赘述。

三、系列产品

1. 青花斗彩 9 头茶具

青花斗彩始于明代，宣德时期开始把釉下青花与釉上红彩融为一体，即在青花纹饰中留出兽形、龙形等白釉色地，再填红彩；或用红彩做底，来衬托青花兽形纹饰。这种釉下青花与釉上红彩相结合的装饰技法，发展为成化时期的斗彩装饰工艺。斗彩中青花斗古彩的形式较多，也有青花斗粉彩和青花斗釉下彩。20 世纪 80 年代以后，斗彩发展出可结合其他装饰，如新花、金彩等的新工艺，不少斗彩还应用色釉或色釉刻花做边饰。

图 2-48　青花斗彩 9 头茶具

这套青花斗彩 9 头茶具是设计人员继承传统，大胆创新设计的青花斗彩精品。青花是构成整个图案的决定性主色，再以青花勾勒图案的轮廓线，釉上色彩按青花规定的范围填入；或者先用青花画好图案的一部分，釉上再着色画色彩的部分，甚至有的图案基本上全部由青花表现，釉上只略加点缀色彩。

2. 青花斗彩缠枝莲八宝 52 头餐具

这套餐具是景德镇新华瓷厂设计、试制，适销藏族地区的产品。1984 年获省优秀新产品奖，1985 年获全国轻工业优秀新产品奖、景德镇第三届陶瓷美术"百花奖"。这套餐具的配套方法和使用功能如下：

（1）法口盅 10 件；（2）法口碗 10 件（这两个品种是喝酥油茶、奶茶和青稞酒时使用的，法口碗为男用杯，法口盅为女用杯）；（3）石榴碗 10 件；（4）石榴汤 10 件（这两个品种是吃糌粑用的）；（5）奶茶壶 1 把；（6）糌粑盒 1 只（装糌粑粉用）；（7）酥油罐 1 只；（8）盐巴罐 1 只；（9）25.4 cm 平盘 4 个（盛抓肉用）；（10）20.32 cm 汤盘 4 个（盛菜和牛肉干用）。共计 10 个品种 52 头。

该套餐具的主件设计者沈杰曾在 1982 年随同厂部组织的领导、技术、销售三结合的调研组赴甘肃、青海、西藏等地进行了市场调查，着重了解藏族同胞的生活习

图 2-49　青花斗彩缠枝莲八宝 52 头餐具中的部分餐具

惯、饮食习惯以及对日用陶瓷的使用习惯和审美爱好等，调查了解藏族同胞喜爱的
传统装饰纹样及色彩。回到厂里以后，对新华瓷厂原先生产的产品进行了重新配套。
在花面装饰设计上选用了青花斗彩加金边的装饰形式，花纹题材采用了缠枝莲和莲
瓣八宝纹样，主题纹样缠枝莲加斗彩，边花采用芭蕉叶纹，边脚花纹未加斗彩，口
耳部位加金边，整套餐具富丽堂皇，具有强烈的民族风格。

第五节　其他产品

1. 青花斗笠碗

斗笠碗是碗的一种经典式样，广口，斜腹壁近 45°，小圈足，因倒置过来形似
斗笠而得名。青花斗笠碗是 20 世纪 50 年代人民瓷厂的产品，基本上保留了斗笠碗
的主要造型特征，同时还考虑到使用者的需求，主要用于出口贸易，使用简单的加
工设备和手工制造完成，口沿及圈足设计圆润、厚实，保证使用时的舒适感。装饰

图 2-50　青花斗笠碗

人物兼有明代和清代康熙时期的风格，配合口沿古朴大方的纹样，具有很高的欣赏价值。

2. 青花釉里红鲤鱼盘

青花釉里红鲤鱼盘采用的是比较廉价的瓷料，加之烧制工艺也比较粗糙，所以其纹样的设计不宜复杂。在生坯上画釉料时，生坯会吸收其水分，所以要求运笔迅速，否则会留下痕迹。这里采用了近似于大写意的笔法勾勒出跳跃的鲤鱼造型，着重突出其脸部的神态，用笔简洁、粗犷，鱼鳞则用釉里红做概括性描写，并与青花形成

图 2-51　青花釉里红鲤鱼盘

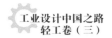

对比。为了使鲤鱼的造型更加适合圆盘的形态，在鲤鱼的身边画了水纹。青花釉里红鲤鱼盘造价低廉、工艺简单，适合大批量生产，但也由于缺少设计标准和制造规范，每一个地方、每一个批次的产品差异很大，鲤鱼的形态更是各种各样。

3.青花粗瓷餐具

粗瓷餐具也被称为渣胎碗，并衍生出渣胎杯和渣胎盘，一直是家喻户晓的畅销货。袁迪中、蓝国华、余宏在《景德镇陶瓷》1981年第2期上以《陶瓷装饰、造型与质地的相互关系》为标题的文章中指出：这并非因为"价廉"的原因，"物美"也应该是一个不可忽视的因素。这种产品装饰与质地非常协调，装饰纹样丰满，形象活泼，富于变化，笔调豪放，洋溢着浓厚的乡土气息，饶有风味，虽然质粗，但不失其艺术价值。

图2-52　青花粗瓷餐饮具

图 2-53　用刀字装饰的青花粗瓷餐饮具

这些产品上的装饰图形是刀字,因此也将这些产品叫作刀字碗、刀字杯和刀字盘。刀字是由画工连续运笔画成,蘸釉料多少、用笔轻重、刀字大小和排列疏密均根据感觉决定,熟练老成的画工可以画出不同的意境和气象。

4. 青花吹箫引凤圆盘

青花吹箫引凤圆盘为中国美术家协会会员、曾在人民瓷厂从事陶瓷艺术创作研

图 2-54　青花吹箫引凤圆盘

究的陶瓷美术家傅尧笙所创作。这件作品在设计上较多地吸收了中国画的特点，在传统基础上创新，将中国画的表现意趣融入陶瓷美术实践之中。花面采用兼工带写的笔法，融中西画法于一炉，人体比例准确，描绘出古代仕女的体态美，衬托出其绰约的风姿。作品高雅庄重，豪放简练，给人一种纯朴的美感。

5. 青花吉祥十二方镶器大盘

青花吉祥十二方镶器大盘是 20 世纪 90 年代初人民瓷厂工艺师精心设计和制作的传世产品。镶器制作是特种工艺，《景德镇陶瓷史稿》载："其镶方棱角之坯，用布包泥，以平板压之成片，以刀裁之成段，用原泥调和黏合。"景德镇产瓷以来就有镶器，如宋代的盖盒，元代的瓷枕、阁式瓷仓，明代的烛台、皈依瓶，清代的多棱瓶、天圆地方瓶，民国时期的扁六角形凉墩等。中华人民共和国成立后，镶器从一般品种发展到大瓶、大盘等。

图 2-55　青花吉祥十二方镶器大盘

十二方镶器大盘瓷胎致密细腻，釉色滋润晶莹，盘内以青花绘制龙凤、人物、山水、花鸟及边饰。整体构图新颖，景物布局错落有致，虚实得当，层次分明。设计者巧妙应用青花的特点，精工细描，线条洗练，浓淡处理得当，花面富有浓厚的生活情趣和强烈的时代气息，给人以清新、高洁、典雅、秀逸之感。由于体现了高超的工艺技术水平，此盘成为 1992 年全国轻工业博览会获奖产品。

第三章　粉彩、陈设瓷器

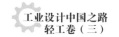
第一节　万寿餐具

一、历史背景

　　粉彩瓷是在清代康熙五彩的基础上，受珐琅彩及其制作工艺的影响而创制的一种釉上彩新品种。它始于清代康熙时期，初创的粉彩比较粗糙，仅在花朵上运用了珐琅彩的胭脂红，丰富了色彩，其他色彩大多沿用五彩做法，基本保留五彩特点而间以平填粉黄、淡翠等色。到雍正时期，由于景德镇制瓷工人从珐琅彩料中引进砷，创造了"玻璃白"，粉彩发展为独立的彩绘艺术。随着中国瓷器品质日趋精良，欧洲各国对中国瓷器的需求更趋旺盛，特别是对釉上彩瓷的热情更为高涨。这股热潮发展至乾隆时期达至极盛，从而使包括粉彩瓷在内的中国瓷器生产达到顶点。由于具有浓厚的西方元素，粉彩瓷更易于表现欧洲情调，在艺术效果上更接近西方艺术风格，从而在欧洲成为最受欢迎的品种之一。特别是粉彩工笔瓷画，其所显露的富丽堂皇的气息迎合了欧洲宫廷的审美趣味，极受欧洲王公贵族的欢迎。

二、经典设计

　　图案装饰在古彩中占有很重要地位，绝大多数的粉彩作品都有图案配合。图案内容丰富，包括回纹、水纹、云纹、人字纹、方格纹等。图案结构形式多样，有二方连续式、散点式、带状式、波浪式、锦地式等。还有不少边饰图案，采用各种花卉纹样，组成云头状、如意状或蕉叶状等装饰形式，并有一定的含义，给人们带来美好的遐想。花面与边脚图案纹样互相映衬，融为一体，构成一幅完美的艺术作品。

日用粉彩餐具在设计上强调借物寓意的取材方法。二十世纪五六十年代，景德镇生产的一种普通粉彩，以洋莲、万寿图案为主，填以红、绿、黄三种颜色，四个圆形斗方中分别写有"万、寿、无、疆"四字，并采用满地装饰的手法，即在一件瓷器上全部画满、填满，不留白胎。这种餐具设计源自为康熙祝寿的器皿，原来在四个斗方中分别写"万、寿、长、春"四字。

　　粉彩在构图上、形象上和技法上受传统国画的影响，与五彩相比减少了图案装饰风貌，而更多地接近现实的自然形象，原因之一是从事绘瓷的高级艺人大都擅长画国画，或善于模仿国画，他们把国画技法直接用于瓷器，大大地提高了粉彩的艺术水平。粉彩的绘制步骤如下：

图 3-1　红万寿餐具

图 3-2　红万寿餐具局部 　　　　　　　　　　图 3-3　红万寿奶盅

1. 花面设计和过稿

先根据器物造型设计图纸，再用墨水描画并定稿。有经验的亦可直接用颜料在器物上描绘。设计纹样应适合器物造型的变化，如果纹样有连续性或花面需要复制，则需进行下面几个步骤：

（1）在器物上用浓墨描绘定稿后的纹样。

（2）用较厚而有吸水性的横贡叠三层，浸湿并覆于描好浓墨的纹样上，用手拍打，使描绘的纹样印在潮湿的纸上。

（3）将湿纸揭下，待干后再用浓墨在纹样上重描一遍。

（4）把描好的图纸用水浸湿，再拍到瓷器上去，此种方法可以使数量较多的瓷器保持纹样大小一样，构图一致，规格统一。

2. 绘画

绘画是粉彩装饰的基本过程，它的描绘技巧比较复杂细致。

（1）绘画前的准备

料色的准备：先将粉状颜色用料铲铲入调料盘内，将干粉搓细，要求越细越好。然后将少许乳香油滴入料粉内，用搓料刀调匀，最后将调好的泥状颜料放入料碟里备用。

料笔的准备：用笔在料碟中蘸料，使画笔饱含颜料，俗称打料。料色的浓淡视打料和用油的多少而定。瓷用画笔能吸饱颜料，故打好一笔颜料可画一段时间，使用时用笔杆拍打手指，产生震动，使笔肚上的颜料慢慢流到笔尖上，便于描绘。

（2）描绘

根据题材内容和描绘对象采用不同的线描来表现，或用国画写意的用墨方法。画人物时，除用线描轮廓外，还用明暗变化来表现人物的脸部和手足。

为了填色方便和避免烧后出问题，可以在描绘好并干透的花面上用棉花蘸雪白粉轻轻浮擦一遍，去其油污和不洁之处。

（3）填色

填色如同国画中的敷色，画者按设计要求填上各种不同的颜料。先将颜料干粉放入擂钵内进行研磨，然后加水擂成泥状，再将颜料放入颜料碟，一边放清水，一边调匀。

填色时先用填笔在颜料碟中调成浓度合适的颜色，过浓则不易填平，过稀则不易操作。填色要求达到平整光滑，厚薄均匀。

（4）接色

接色是将两种或两种以上不同的颜色填在花面的同一部位上，使各颜色相互衔接，过渡均匀的一种方法。操作时，先填上一种颜色，然后用另一种颜色在需要接色的地方轻轻来回将颜色接匀，填平，使两种颜色的中间产生一种过渡色，如接第三种色则继续同法操作。要求两色的衔接处均匀平整，色相过渡自然。此法多用于山水画的填色。

（5）罩色

罩色是在色面上重罩另一种颜色，其方法是在底色上用平填法罩上各种透明水色。例如，在嫩枝干上填以洋红，然后罩上淡苦绿，使嫩绿枝干中透出红色，加强枝干嫩绿的质感；又如在叶子上敷薄薄的广翠底，然后罩上大绿色，增添绿色的层次，丰富了色彩。罩色时运笔要轻，笔锋与瓷面要保持间隔距离，不可触到底色，以免翻动底色。

（6）染色

粉彩的染色有两种，分别是用油染色和用水染色。

①用油染色一般都在"玻璃白"上进行，首先用清稀的乳香油在"玻璃白"上涂一遍，使其饱吸一层油，然后用洗染笔蘸颜料敷于花面深色部位，再用洗染笔蘸油将颜色由深到浅逐渐洗染，区分出明暗转折关系。操作时下笔要轻，要掌握一只手交替运用两支笔的技巧。

②用水染色一般采用国画的点染法。用羊毫笔蘸水，然后在笔尖上蘸色，再在"玻璃白"上点染。此种方法多用于花朵染色，但也有用于人物衣服的，通常是在"玻璃白"上薄薄地平染一层颜色。

填色和染色时必须注意：

①填色时必须在描绘的料线干透后进行，否则易冲掉料线。

②填色时要注意掌握颜色的厚薄和浓稀。

③用油染色的时间可以长一些，用水染色要求快、准。洗染时要心中有数，有如在宣纸上点染一样，运用得法可达到生动活泼的效果，但在洗染时不可重笔，否则会翻动底层"玻璃白"而露瓷胎。

三、工艺技术

粉彩是在已经烧成的坯体釉面上进行色彩装饰，而后再烧成的瓷器，所以一般使用低温颜料。粉彩的基本颜料属于 SiO_2-K_2O-PbO 系统，颜色品种较多，约在 750 ℃烧制即可得到粉彩所特有的感觉。

在粉彩的实际使用过程中，工艺师有着自己的经验和判断，具体的颜料配方也略有差异。景德镇陶瓷职工大学的王成之根据实际使用情况所总结的颜料特性更具有操作性。他根据不同颜色的性质用途，将粉彩颜色分为三大类：

（1）透明颜色：其性质就像颜色玻璃一样，彩烧后能透出底色，下面的料底又可衬托上面的颜色。透明颜色主要包括以下几种。

"雪白"为无色透明，用以罩填生料画的部分或做接色用，使颜色由浓到淡，由淡到消失，也可用来配色。

"熔剂"为无色透明，性质较软，多用来配色，能提高颜色亮度，冲淡颜色浓度。

"赭色"多用以罩填树干、鸟羽、向阳山石、坡岸等，加"雪白"可以冲淡成淡赭色，用以填较远处的景物。

"粉古紫"有深、浅两种，呈透明的灰紫色，用来填树干时，可突显树干的苍老，还可用来填人物衣服和鸟的羽毛。

"淡翠"为透明的浅蓝色，性质较软，以"雪白"加少许"广翠"配成，可以填远处的山石以及衣服边口、鸟羽等。

（2）不透明的粉质颜料：这类颜料基本上含"玻璃白"成分，粉质感较强，仅做单线平涂用，不可覆盖线条；或在轮廓线内填充，而且要求填得均匀，有一定的厚度。

"雪景玻白"为不透明的白色，有光泽，多用于填雪景。

"地皮黑料"为不透明的黑色，性质较软，有光泽，主要用来填图案和万花的地色。

"地皮麻料"为不透明的赭红色，其性质和用途同"地皮黑料"。

"地皮绿"为不透明的粉绿色，其性质和用途同"地皮黑料"。

"革新红"又叫"辣椒红"，为鲜艳的大红色，有光泽，用来点缀人物头饰等小面积装饰，要填得偏厚、平整，釉色不太稳定。

（3）洗染颜料：这类颜料是填色颜料的精华，比较贵重，用量少、用得薄，要特别精工细作。

"玻璃白"为不透明的纯白色，含砷元素，是粉彩最重要的填色颜料，也是区别于五彩最主要的颜料，用在人物衣服和花头的轮廓线内，做洗染的底色时要填得薄和匀。

"豆绿"为不透明的青绿色，多用来洗染人物衣服。

"麻黄"为不透明的赭黄色，多用来洗染人物衣服和花朵，有古色古香之意趣，老人衣服常用之。

其他还有"淡黄""净黄""藕色""青灰""淡翠"等，用途基本相同，都可用来洗染人物衣服和花朵。

以上颜色在洗染时都要在"玻璃白"的底上进行，要有"玻璃白"的衬托。

四、产品记忆

有关粉彩的起源、传承体系问题至今仍有许多的谜团，不管是学术上的梳理还是工艺师、设计师的回应，都好像在一座巨大的迷宫中探索，没有明确的答案。但既然是以一种工艺来定义一大类产品，就必须对这种工艺有一个相对精确的定义。诚然，中国的瓷器设计和制造活动在很长的时间里是依靠个体经验开展的，尤其是对于低温釉彩而言，由于技术门槛相对较低，制作者个人的发挥空间比较大。由于这些人都有一定的绘画和装饰技巧，一般的花面设计能够与传统的经典花面基本保持一致；但是在工艺运用的充分性，特别是在釉料配方的掌握方面尚存在欠缺，继而影响产品的整体品质。

前述万寿餐具最初基本上是严格按照传统配方来设计制作的，其中对于"玻璃白"这一道工艺的掌控是核心，其料要使用充分，使其略微突出，保证花面具有浮雕的感觉。这是粉彩万寿餐具的产品特征，也恰恰是材料成本最高、最耗时的一道工艺。由于有高品质的材料及工艺体系应用的保障，后期的花面虽然与传统花面差不多，但是由于改变了釉料配方，或者使用了大量的替代材料和替代工艺，产品的"精、气、神"不足，失去了原有的审美价值。在工厂制造万寿餐具的鼎盛时期，有技术部门负责工艺保障，使用规范的工艺技术；不同的工厂还会根据实际情况适度地进行改良。陶瓷研究所这类科研机构也努力发掘传统的工艺技术和一些老艺人的绝技并应用在生产中，相关院校联手前两者进行理论的研究，这样才能更好地保持粉彩体系的传承。

我国的低温釉彩从汉代发明绿色铅釉陶器以来，历经各代发展出了不同系列，创造出了不同类型的陶瓷品种。随着科学技术、文化艺术以及社会生活的发展和进步，我国的低温釉彩形成了一个具有特色的、有继承衍生关系的体系，各个时代所创造出来的新的分支之间还有着十分密切的联系和影响。

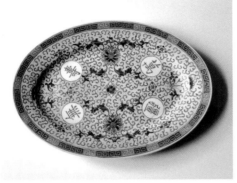

图 3-4　黄万寿餐盘

图 3-5　黄万寿汤勺

五、系列产品

　　红万寿、黄万寿、绿万寿装饰在各类产品上都能够取得很好的效果，因而被广泛应用，也由于其除了"万寿无疆"及一小部分面积留白以外，都做了满地的装饰，所以看上去用工较重，提高了它的观赏价值。

图 3-6　红万寿品锅

图 3-7　绿万寿品锅

图 3-8　绿万寿小型茶具

第二节　料地万花粉彩茶具

一、历史背景

　　1958 年 9 月，由景德镇市工艺美术瓷厂、市出口瓷厂、画瓷合作社合并组建成国营景德镇市艺术瓷厂，集中了一批知名的陶瓷美术家和中高级技艺人员。景德镇市艺术瓷厂是景德镇粉彩瓷的主要生产厂家，也是我国生产中高级粉彩艺术瓷的一流企业。

　　景德镇市艺术瓷厂的产品有以粉彩为主的各类瓷板、花瓶、高白釉薄胎瓶、碗等，还有金斗方餐具和茶具、仿古瓷、青花日用瓷等。大至高二米多的万件花瓶，长逾百米的壁画，小至单件小瓶，还有薄如蝉翼、通体光亮的薄胎，被中外名家和客商誉为"东方艺术明珠"。

图 3-9　20 世纪 90 年代，景德镇市艺术瓷厂的大门　　图 3-10　景德镇市艺术瓷厂的老工人在向年轻人传授技艺

二、经典设计

　　人们对花卉的喜爱深深地融入了文学和艺术中，并被赋予人格化的力量，影响着人们的精神世界。日用瓷器的设计也不例外，但是以多种花卉并存作为花面设计

图 3-11　料地万花粉彩 6 头茶具

图 3-12　茶壶花面局部　　　　　　　　　　　图 3-13　托盘花面局部

却是一种十分独特的形式，这种形式被称为万花。虽然万花的组成形式很多，但是经过工艺师们的经验总结，形成了一定的规范。20世纪70年代中期，为了大批量生产的需要，以及保证设计的基本质量，《普通粉彩瓷图案规格》作为江西省的行业标准而被广泛采用。它通过规定花面中各种花朵的尺度、数量以及搭配来强调这一装饰形式的完整性。

　　对于料地万花粉彩瓷的设计而言，各种花卉通过强烈的形式感给人以美的感受，充分发挥了粉彩的工艺特色，五彩缤纷的花朵在黑色的料地上表现出高雅的气质。料地这种"百花不露底"的装饰样式，也称为"万花锦"，以黑色为底的产品在烧制工艺技术的要求上比以其他色彩为底的产品要高，但基本的流程与其他粉彩产品是一致的，因此不再赘述。

三、产品记忆

　　料地万花粉彩茶具一直受到市场的欢迎，主要是因为这类产品的工艺水平相当高，满地的装饰给人带来美的享受。料地万花的装饰手法最早出现于清代雍正时期，是紧随粉彩工艺而产生的。到了清代乾隆时期，随着粉彩逐渐成为瓷器的主流，料地万花作为粉彩的一个重要品种，也逐渐发展成熟。

　　料地万花粉彩茶具具有花卉种类繁多，颜料色彩鲜艳，绘画手法细致的特征，花与花之间以花叶填满，极富层次感。这套产品的核心是用黑色作为背景，但是其作用却不仅限于背景。当将花朵作为图的时候，黑色则为底；但是如果以黑色为图的时候，花朵则为底，二者互为依托，相映成趣。在中国传统的器具中，特别是在日常生活类产品中，黑色的运用是十分谨慎的，但是在料地万花粉彩茶具中唯有黑色可以与鲜艳的色彩搭配调和，并为产品增添了一丝神秘感。料地万花粉彩装饰在保留传统风格的同时形成了自己的个性，契合了当代人的审美趣味，也符合国际消费的潮流。

四、系列产品

20 世纪 70 年代，设计师针对国外定制咖啡壶的要求进行了许多轮的设计，最终一种瘦长形的壶具成为这个时代壶具设计的代表。这种设计大量汲取了西方咖啡壶的造型要素，也满足中国茶具的需求，因而被大量地生产。在装饰上，依然延续了料地万花装饰的基本标准，只是在局部做了修改。料地万花装饰也被应用到中式餐具的装饰中。

图 3-14 料地万花粉彩 15 头茶具、咖啡具主要产品

图 3-15 料地万花粉彩餐盘

第三节　绿西莲边脚山水餐具

一、历史背景

清代乾隆时期是宫廷山水画发展的鼎盛时期，同时也是粉彩山水画发展的巅峰时期。在这样的情况下，有不少宫廷山水画传至景德镇。这一时期瓷器山水花面的基本风格是描绘具有宫廷风格的山水，四周辅以工细艳丽的图案，与中间具有文人气息的山水形成对比。

清末至民国初年，一个艺术家团体自发形成，他们自觉地探索陶瓷创作的艺术规律，同时创造了属于他们自己的艺术语言，并让工艺、材料与艺术完美结合，这些人被后人称为"珠山八友"。粉彩山水花面在"珠山八友"之后出现了一种浅绛彩山水的画风，花面风格率真，着力表现江南的地域特点和灵性，常以小桥人家、樵夫归家和文人赏月等场景为主题，花面独具现实感，因此被认为是从清代向民国时期过渡的一个重要创作阶段。

中国轻工业陶瓷研究所饶晓晴、景德镇市陶瓷研究所徐硕在《中国陶瓷》2005年6月第3期以《粉彩山水的景观价值及地域文化价值》为题分析认为：由"珠山八友"创造的浅绛彩山水是基于艺术家们深厚的艺术修养以及娴熟的中国画山水技巧而形成的，从文化角度来看是艺术走向个性自由的反映。虽然这种风格稍纵即逝，但是却影响了景德镇山水题材瓷器的艺术风格与走向。

二、经典设计

绿西莲边脚山水以中国传统山水中的"三远"透视法来表现：平远主要表现近远，使虚实具有丰富的层次；高远表现山峰重叠、陡壁回转、高峰瀑布、云雾弥漫等；深远表现居高临下，一览无遗，山水尽收眼底的景象。

山水表现技法要求熟练应用勾、画、彩、皴、点、擦、填等技巧，同时通过不断的实践掌握粉彩颜料的工艺特性，提高在瓷表面作画和烧制以后花面效果的把握

图 3-16　绿西莲边脚山水餐盘之一

图 3-17　绿西莲边脚山水汤碗

图 3-18　绿西莲边脚山水汤勺

能力。在日用瓷器中，一般以青绿山水为主调，先以广翠打底，然后主要填上大绿、苦绿、水绿等。在填色时，不能用一种色彩填满一整块山石，而是要用几种色彩相结合，这样可以产生虚实感。填色的厚薄应该均匀，薄了发色不够，没有晶莹感；厚了容易开裂剥落，或发色过艳。春天景色的表现在日用瓷器中应用最多，通常用淡绿色调表现春回大地的气氛，深色调则用苦绿，并采用接色手法，即用两种以上不同的透明色接填，以使花面层次更加丰富，更有空间感。这些颜色的选择需要制作工人的经验和感觉。

图 3-19　绿西莲边脚山水汤勺底部落款、针脚

图 3-20 绿西莲边脚山水餐盘之二

图 3-21 绿西莲边脚山水茶具、咖啡具

三、系列产品

　　绿西莲边脚山水餐具在整体形式不变的情况下，其山水花面有许多变化，但是整体的感觉基调基本不变，依然保持了青绿山水的风格。由此发展出的红西莲边脚山水餐具扩大了产品系列。在山水花面的基础上，开光形式的花面显得更加程式化，可以应用到茶壶这一类更加复杂的产品上。

图 3-22 绿西莲边脚山水品锅

图 3-23 红西莲边脚山水餐盘

图 3-24　绿西莲开光山水餐盘　　　　图 3-25　红西莲开光山水茶壶

第四节　开光通景八仙粉彩陈设瓷器

一、历史背景

　　开光装饰手法常常被使用在陈设瓷器的设计中，一般在瓷瓶瓶身开出圆形、方形、菱形或扇形等形状的空白堂子，四周布满花纹，使用如金地万花、洋莲、龙凤等图案装饰或使用颜色装饰。空白堂子一般是对称的，前后两个大堂子是题材的"主唱"，两侧的四个小堂子是"和声"，整体装饰元素丰富，寓意深远。粉彩人物装饰是我国绘画和造型艺术发展的历史长河中涌现出来的绘画艺术门类，是千姿百态、百花繁茂的陶瓷装饰中的佼佼者。其表现特点是以线描为主，辅以色彩，淡雅古朴，粉润柔和，用笔严谨，富于装饰性，具有鲜明的民族特色。在历史发展过程中，这一类型的瓷器出现了不少艺术珍品，深受国内外人士的称赞和青睐，为祖国赢得了荣誉，并获得了较高的经济效益。由于社会生活在不断地进步，陶瓷艺术也在不断地发展，粉彩人物装饰更是日新月异。

二、经典设计

　　粉彩传统人物装饰的发展历史与中国绘画息息相关。创作一幅好的粉彩传统人物装饰，离不开人物造型，而造型的关键在于人物的刻画——不仅要形似，还要神似，故前人有"以形写神，形神兼备"之说。神似即要刻画出人物的气质特征，同时必须注意人物的面部表情、行为举止和动态，这样才能塑造出具有鲜明个性和生命力的人物形象，表达人物的内在感情和作品的意境，增强艺术的感染力。

　　粉彩传统人物装饰是用油和颜料在陶瓷釉面上进行的，受到一定的工艺条件和材质的制约。而后在创作过程中吸收和借鉴了其他艺术的长处，最终创造出符合现代陶瓷材质和工艺要求的人物装饰。

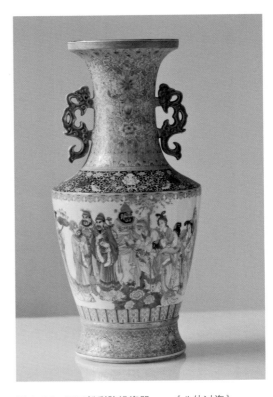

图 3-26　双耳粉彩陈设瓷器——《八仙过海》

图 3-27　主要人物刻画及其配色

　　粉彩传统人物装饰的题材很多，其中大多数是历代流传下来的神话故事、民间传说、历史典故、诗歌、小说和散文等所描绘的人物故事。在陈设瓷器中，民间故事和历史典故中的人物使用较多，其花面含有深刻的寓意。例如，"八仙过海，各显神通"就体现出各行各业人才辈出的寓意。

　　粉彩传统人物装饰紧紧抓住了突出人物，突出主题这一环节，并贯彻始终。除了在线描装饰上突出人物，在色彩上也注意突出人物。在人物设色上采用"玻璃白"打底，洋红、广翠、茄色等洗染的方法，使人物的色彩有一定厚度，并且与背景拉开了层次。人物衣服多采用不透明的净颜色，与透明的配景设色形成强烈的反差，烘托出人物的艺术效果。花面的题词更增强了器物整体的人文气息。

　　巧妙利用造型是陈设瓷器的设计特色。陶瓷有圆、方、长、短、凹、凸、高、矮等不同造型，在进行粉彩人物装饰时可以采用不同的表现形式，如通景、开光，有边、

图 3-28　主要装饰纹样

图 3-29　花面上的题词

无边等。一般采用上下做边，边脚有图案，瓶身画主题的装饰方法，称为通景装饰。这种形式广泛运用在传统粉彩人物装饰中，能够使花面与造型完美地结合，欣赏起来趣味无穷。

三、产品记忆

　　在设计师的访谈以及零星发表在陶瓷专业杂志上的文章中，可以发现一些设计师对粉彩产品设计的记忆和思考。景德镇市艺术瓷厂的任慧宏认为：随着人类社会不断地发展，粉彩传统人物装饰艺术也应通过不同的时代反映不同的社会生活。传统题材中，"天女散花"表现了天女把幸福洒遍人间的美好愿望；"寿星""麻姑献寿"象征着健康长寿的祝福；"将相和"表现廉颇、蔺相如以国家为重，团结一致，和睦相处。这些题材的内涵在花面中表达得淋漓尽致，使欣赏者有一种身临其境的感觉。除了对传统题材的继承，还应创造一些新的题材反映当今社会丰富多彩的生活。

在技法上也力求继承和创新，通过学习传统的绘画，间接地从历史书籍、古典文学和电影、戏曲中去体验、去认识。

带有粉彩人物装饰的陈设瓷器具有无限的魅力，其精细的画工传达出丰富的、可以被不断加工的信息。

四、系列产品

1. 重工粉彩《西厢记》双耳瓶

曾任景德镇市艺术瓷厂美研所副所长的任义平创作的《西厢记》粉彩传统人物花面，花面上张生像是在安慰相国千金，又像是二人在喃喃私语。热心的牵线人红娘却画在柏树后，像是欣赏夜景，又像是等待着崔莺莺同回绣楼。当然，仅是刻画

图 3-30 重工粉彩《西厢记》双耳瓶

人物的精神面貌是不够的，还需要适当的配景，这对作品的构图气势与内容的含蓄表达，以及整个作品的艺术效果都有极为重要的作用。配景要与主题内容相协调，与人物性格相对称，要借景衬托出人物的喜怒哀乐，并含蓄巧妙地点缀作品的气氛与意境。《西厢记》粉彩传统人物花面所刻画的柏树、亭台、栏杆等景物和优美的环境都是为了衬托人物的精神面貌。

整个花面以冷色调为基调，适当配以暖色形成色彩的对比。花面上的配景，例如，假山、柏树、栏杆、亭台使用了大绿、苦绿、水绿、广翠，并适当地使用赭石和油红，把幽静的花园点缀得如诗如画。由于人物服装采用洗染冷色，并适当地使用了油红，特别突出了崔莺莺这位相国千金光彩照人的形象，达到色彩的和谐美。

2. 重工粉彩《琴棋书画》双耳金钟瓶

琴棋书画，本指弹琴、弈棋、书法、绘画四种技艺，又称雅人四好。琴棋书画

图3-31 重工粉彩《琴棋书画》双耳金钟瓶

图 3-32　重工粉彩人物双耳六角镶器

的题材在瓷器上应用时多采用重工形式，另外一类以生活中的人物为表现对象的陈
设瓷器的设计风格与前者基本相同。

第五节　广州彩瓷

一、历史背景

　　广州彩瓷是对广州地区釉上彩瓷器的统称。广州彩瓷虽然受到西方珐琅彩的较
大影响，但主要还是继承了中国彩瓷的优秀传统，特别是继承了明代三彩和五彩的

传统彩绘技艺。

　　广州彩瓷的地方风格可以从现今保存下来的各历史时期的广州彩瓷传统产品（民间的"饭货"、供皇室玩赏的贡品和外商来样加工的"客货"）中寻找其变革的线索和情况。

　　广州民间彩瓷，行业上习惯称为"饭货"。它是指碗、碟、壶、杯这一类日用彩瓷，曾远销到东南亚，并一直保持到 20 世纪初，现在已经停产，只能在博物馆和文物商店中看到它的风貌了。这种民间彩瓷是以干大红（矾红）、黄、绿三色绘成，有锦地、锦灰堆、如意吉祥、八宝等图案花式，另外还有散点花卉（行业上叫作飞花）、四季时花等花式。这种产品的加彩方法与明代三彩和五彩相似，都是用黑、红线描上花纹，加填黄、蓝、绿、紫等色。

　　另外一种被称为艺术瓷，这种彩瓷以人物、花鸟、图案为表现内容，大量吸收中国画的画法，彩绘技艺讲究，雍容华贵，多是供皇室赏玩的贡品和外商来样加工的"客货"。这些艺术瓷，现在也只能在博物馆中看到了。广东省博物馆馆藏的广州彩瓷琵琶瓶和汉碟可以说是广州彩瓷初期外商来样加工定制的"客货"产品代表。琵琶瓶以散枝玫瑰花作为地，用红色开两个斗方，里面画有杯形图案，画工精细。其中玫瑰花采用的是洗染法，叶采用的是双勾法。汉碟是仿照西方油画的画法加彩的，以红、赭、金三色描绘国外中世纪城堡的风景，笔法如钢笔素描，花面明暗分明。

　　18 世纪以后，广州彩瓷的彩绘技法有所发展。例如，广东省博物馆馆藏的平碟采用芝麻地绘八宝如意边，中间用传统线条描绘人物，再填色，行业上称这种技法为"折色人物"。这种技法后来又发展为"长行人物"，即山石树木、亭台楼阁等风景用线条表现，人物的头部用红、黑线条表现，服装用颜色来表现。因为这种技法是清代同治时期形成的，所以又称为"同治彩人物"。又如，该馆馆藏的满尺圆盆和葡萄花插，前者采用"散花鹊"技法，用花果、喜鹊、蝴蝶做装饰；后者采用"织金人物羽毛"的技法，即织金地、开斗方画花鸟人物。开斗方是十字开四幅斗方，斗方内两幅画人物，两幅画花鸟。这种构图方法，可以使装饰图案适用不同的品种和器形，为后期广州彩瓷地方风格的形成奠定了基础。

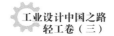

图 3-33　广州彩瓷八角碗、圆碗

　　从广州彩瓷几百年的历史看，其艺术形式和地方风格的形成是与社会的进步、经济的发展、技艺的提高、贸易的需要相联系的，是随着时代的前进而不断地变化、发展的。同时，它又是在继承传统彩绘艺术的基础上，既吸收西方油画技法和颜料，又采用民间艺术、装饰图案和兄弟行业的艺术特点才逐步形成的。

　　1915 年 2 月 20 日，首届巴拿马太平洋万国博览会在美国旧金山市召开。广州的瓷器和牙雕、刺绣品等也展出并得到好评。20 世纪 80 年代，老艺人刘群兴的儿子刘志远出示了曾在万国博览会中获奖的 150 件《十二王击球》瓷箭筒的图稿，图稿用毛笔细致刻画了 12 位身穿唐服的王侯骑着骏马挥杆击球玩乐的情景。万国博览会后，在广州、香港两地兴起了不少经营美国出口业务的瓷庄，如宝昌泰、晋隆生等。从此，广州彩瓷的出口便进一步扩大了。

二、经典设计

　　广州彩瓷从工艺传统上来说，是由多种艺术综合演变而来的。其中既有传统的、民间的，也有西方的，可以说是中西合璧。18 世纪初到 20 世纪末主要有四种类型的产品。

图 3-34　广州彩瓷酒壶

1.　民间彩瓷

如前所述，广州民间彩瓷一般被称为"饭货"，多是碗、碟、壶、杯之类。这类彩瓷的彩绘比较豪放，色彩较简单，但富有民间装饰风格。早期的花色主要有锦地、

图 3-35　广州彩瓷烟缸

图 3-36　广州彩瓷套盘

飞花、四季、金鱼、红龙五种，后来逐步丰富。这种产品过去多在广东各县和东南亚市场销售，现已停产。这些民间彩瓷是广州彩瓷工艺发展的重要源泉。

2．仿古彩瓷

仿古彩瓷大多数以清代康熙、雍正、乾隆、嘉庆四个时期的彩瓷为主要模仿对象。广州彩瓷在彩绘技术上很讲究基本功，在模仿古代彩瓷时，不论技法、色彩与器形均要求与原产品基本相似。仿制这样一件产品需要花费很多时间，因此这种彩瓷多是以单件产品为主，很少批量生产。

3．织金彩瓷

19世纪初，彩瓷行业将中国锦缎纹样应用在彩瓷装饰中，这种彩瓷技法在行业上被称为织地，后来发展为织金。织金彩瓷产品金光闪闪，满地的装饰不仅使构图显得丰满，还密而不乱。满地加花的装饰特征一直保留到现在，被称颂为："彩笔为针，丹青做线，纵横交织针针见，何须缎锦绣春图，春花飞上银瓷面。"

这种彩法适用于各式各样的器形，因此使广州彩瓷可以用一种花式作为基础，为之带来了较大的发展。直到20世纪90年代末，广州彩瓷的生产厂家还沿用"织金彩瓷"这四个字作为招牌。由于汲取了锦缎的纹样及色彩搭配，织金彩瓷整体装饰呈现出华丽明快的特征，同时保留了珐琅工艺的一些元素，特别是瓶口、肩线等处镶嵌铜材的装饰处理，使得产品看起来尤为特别。

促进织金彩瓷风格发展的其中一个重要因素是当时在广东潮汕地区流行的潮州彩瓷装饰风格，同样使用新彩颜料，其满铺的设计成为织金彩瓷学习的榜样。同时，潮州彩瓷的设计也对织金彩瓷有很大的影响，二者长期互动发展。

作为这一类产品中非常重要的装饰题材——山水，虽然其通景、开光形式与景德镇瓷器并无二致，但风格却不如景德镇产品那样成熟、清新；其工艺表现技法也不如景德镇产品丰富；工艺师个人的技法、技巧也没有那么纯熟，带有比较多的程式化的痕迹；花面中文人画的气息比较少，透出通俗的市井气息。即便如此，当这样的山水花面与织金彩瓷其他装饰要素结合起来的时候，仍然能够体现出织金彩瓷的整体风格和特色。

图 3-37　仕女春游图瓷盘

图 3-38　蓝地牡丹盘

图 3-39　橄榄形花瓶

图 3-40　多子松鹤花瓶（左）、多子花瓶（右）

图 3-41　山水装饰花瓶制作的过程

图 3-42　山水装饰花瓶之一

图 3-43　山水装饰花瓶之二

图 3-44　正在绘制山水装饰的工艺师

4. 瓦器

瓦器又被称为"陶胎珐琅彩"，它是采用没有上釉的陶器加珐琅彩而成。其制作过程是用月白（牙白）做白釉满涂于瓦器上，先烧底白再加彩色。有些小件产品可以同时上白、加彩，然后入炉烘烧。器形多为高脚果碟、多角花盆、大型花盆、陶缸、陶罐等。画法与铜胎珐琅彩绘接近，颜色花花绿绿。这种产品虽然不是高端欣赏品，但是优雅古朴，可以在南方的亭园或厅堂中摆设，其欣赏价值和实用价值也比较好。但这种产品已在 20 世纪 30 年代停产。

三、工艺技术

广州彩瓷所使用的颜料是明代三彩和五彩的传统颜料和外国珐琅彩颜料相结合而创造出来的。近百年来虽然又采用了英国、德国、日本等国进口的颜料，彩绘技艺也向前推进了一大步，但还是保存了广州彩瓷原来的格调和面貌。从现存的历史传统产品的分析中，可以清楚地看到广州彩瓷颜料变化的几个阶段。

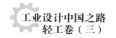

1. 早期阶段

广州彩瓷早期使用的颜料属于古彩体系。17世纪初，广州彩瓷还没有采用江西景德镇的粉彩颜料，那时所用的颜料有干大红、铁黄、大绿，都是用氧化铁、氧化铜作为着色剂，配合土片做熔剂而制成的，色调较古朴。后增加了用瓷黑（又称磁黑）制成的紫色，并采用了珐琅质的法蓝（广州彩瓷称为水青），逐渐形成了五彩。广州使用的瓷黑是由钴、锰、铁混合矿石制成的，江西景德镇称为珠明料。广州彩瓷早期颜料有一个和其他地区不同的特点，就是采用了土片作为主要熔剂。土片是用山东省淄博市附近发现的一种矿石，打碎后与硝酸钾化合而制成的透明料。这是一种硅酸盐类的透明物质，可以增加颜料的光度和厚度，使色彩显得沉着、稳重，有一种高雅、古朴的感觉。

2. 发展阶段

18世纪中叶，广州彩瓷又增加了茄色（紫色）、水绿（鹤春）、牙白、二绿、双黄等几种颜色。发展到19世纪，更是大量采用珐琅彩的颜色。据前辈艺人回忆，当时广州已有制造珐琅彩颜料的作坊，多在广州城西带河基一带，即现在长寿路洪昌大街，店铺名为广茂、顺合、成昌，当时生产有牙白（软白、硬白）、水青（上青、中青）、水绿、双黄等珐琅彩颜料，另外还大量生产金星料，专供手绘珐琅、彩瓷、石湾陶器等装饰用。而后，作坊又发展到广州的河南、瑶头、水松基一带。那时采用的颜料有如下几个色类。

赤红色类：干大红、水大红、霁红、古铜、麻色。

紫红色类：西红（上、中、飞花三种）、茄色、深茄色、粉茄、粉红、明红。

绿色类：大绿、二绿、水绿、粉绿、苦绿、石头绿。

黄色类：双黄、米黄、深黄。

蓝色类：水青、绿青、粉青、淡青、洋青。

白色类：牙白、水白、晶料（幼土片）。

金色类：乳金。

黑色类：乌金。

3．近期阶段

19世纪末，英国、德国、日本等国的制瓷业出现了较大发展，尤其在颜料的研制方面，进口颜料和液体金水乘势崛起，并由外商输入中国，占领了中国市场。广州彩瓷逐渐开始使用进口颜料（如艳黑、绀青），同时也采用氧化铜、氧化钴等原料代替自制的原料。

广州彩瓷自从用上了进口颜料，在颜色上产生了很大的变化。从整体的感觉来看，格调比以前清爽、新颖。特别是采用了德国颜料制造家坎恩1830年创造的液体金水后，广州彩瓷的格调变化就更大了。从表面看，后期产品色彩鲜艳、光彩夺目；早期产品色彩暗沉，金色不够光亮。倘若更深一步去研究比较，我们会得出以下结论：早期产品所用的颜料由于较多地采用自然原料，经一次或多次高温炼成，只加入少量的酸碱性化学原料，因而发色不强，需填充较厚的颜料才能达到理想的显色效果。但是，早期广州彩瓷的颜料耐磨度、耐氧化度、耐酸度是比较好的。现保存下来的产品，其色调和光亮度很少改变，还像新的一样，而且看起来有沉着稳重的感觉，用手抚摸也能觉到颜料有突起的感觉。20世纪后使用了进口颜料，达到了鲜艳浓烈的效果，用较薄的颜料便能达到显色的要求。但由于原料制作时较多地采用了催化剂和助熔性的酸碱材料，以低温烘烧而成，颜料较薄，与早期的产品相比就出现了耐磨性差、耐酸碱侵蚀性也较差的缺点。同时，产品存放时间一长，容易发生变色和脱色的现象。色调也有轻浮感，不耐看，过去高雅、稳重、沉着的风格减弱了。

20世纪60年代初，广州彩瓷的绘制工序如下。

（1）描线：行业称为上手工序，就是把图样用瓷黑勾好。上手工序也分花卉、人物、仿古、办口等不同专业。办口是指山水、走兽、飞鸟、鱼类等图样的绘画。

（2）填色：行业称为下手工序，就是将已描好线条的产品，填上各种颜色。这个工序大多是由艺人家属或新人承担。

（3）积填：把已填好颜色的产品，在需要金地的地方填上乳金，有些还要填上大绿，这样才算是半成品。在过去全绿色的产品较多，如绿白菜、绿云龙、绿八宝、绿散花果等，因此这道工序还是很重要的。这道工序在技术上要求较高，出问题便会成为次品，所以往往分配技术较高的艺人去做。

（4）封边斗彩：广州彩瓷生产中有不少通花器皿，如通边碟、花篮、果盘、葡萄花插等。彩成后，要在浮雕或通花上再加颜色和金线花纹。在每件器皿的边缘部分涂上干大红或乳金，这道工序就称为封边。这个工序相当于现在的产品质量检查，补上脱落的颜色，然后送到炉房去烘烧。

（5）炉房：为烘烧加彩的半成品而专门设立的烤花烘炉。那时烤花烘炉的技术很保守，不轻易传授给别人，而且兴建炉房的费用也很高，因此，公用的、专业化的炉房出现了。各个作坊主把半成品送去烘烧，按数量付费。

（6）新样板设计：当时虽然按工序分工，但样板设计和花式品种的创新还没有专业的设计人员负责，一般由技术较高的艺人担任。当时没有设计图，新花式是由艺人用白瓷描绘，经过烘烧制成的样板产品。第一件样板的工价是以双倍计算的。如艺人设计的样板接到客商订货，批量投产时，原设计者有优先生产权。如投产批

图 3-45 老工艺师向徒弟传授技术

量大，原设计者不能按时完成，可以由其选择可信的艺人参加生产。这一规定使产品质量得到了保证，也保护了艺人的积极性和设计样板的权益。

四、产品记忆

广州彩瓷在历史上曾经有河南彩的名称。刘子芬在《竹园陶说》中写道："盖其器购自景德镇，彩绘则粤之河南厂所加者也，故有河南彩及广州彩瓷等名称。"事实上，广州彩瓷彩绘艺人是有一个较长的时间聚居在珠江南岸的，但这是后期的事情了。广州彩瓷先是在珠江北岸的西关一带，而且有相当规模的行会组织——灵思堂，根据前辈艺人口述，灵思堂成立于1778年，会址在现今广州市西关的文昌路毓桂三巷，后来迁到珠江南岸龙导尾村和龙田村地区，继续发展生产。

鸦片战争以后，广州出现了洋行、瓷庄等买办体制，并且逐步形成了工人、作坊主、洋行、买办等阶层。在经营上也出现了各种问题，如旺季相互争抢工人，淡季随便压低工价，导致产品质量难以保证。为了解决这些问题，就出现了作坊主的联合组织——承彩堂。由承彩堂向洋行和瓷庄承接订单，制订统一的工价，规定加彩的等级和质量，避免互相竞争、互相排挤的现象。

广州美术界对广州彩瓷的发展具有长期的影响。因为广州彩瓷很注重装饰，除了图案纹样外，还用岭南时果、四季鲜花、草虫等作为装饰的题材，以活跃花面气氛。艺人们不但需要体验生活，在自然环境中观察各种草虫的活动规律，而且还需要吸收画家们的绘画技巧。

19世纪末，当时广州的花卉草虫名画家居廉、居巢兄弟的绘画表现技法对广州彩瓷的影响很大。例如，填白底洗染的方法和花卉枝干的表现手法就是受他们的绘画技法所启示的。对于他们擅长的雀鸟、蝴蝶、甲虫、草蜢、螳螂、蜜蜂等，就更加适合衬托广州彩瓷图案纹样中的花卉。例如，广州彩瓷有一个花面叫作"雀鹿蜂猴"，里边所需的鸟和蜂在吸收了居廉的草虫画法以后显得生动多了。又如，广州彩瓷的"点金百蝶"图稿，需用多种色彩并画上众多的彩色蝴蝶，很容易画得呆板单调，

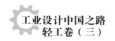

但是穿插上几只甲虫和草蜢，就会使花面更加活泼。花果堆砌成的或者是树木、石头、鸟雀组织成的大件产品，则更需要草虫来衬托。

20世纪初，著名的岭南画家高剑父、陈树人等对广州彩瓷的影响也很大。他们和弟子们在广州河南宝岗附近的宝贤大街开设了绘画和彩瓷的艺术室，又合股在广州建立了瓷画厂，从事彩瓷的研究和生产。他们当时是用"广东博物商会制"做底款，画法均用国画形式，内容相当广泛，有工笔重彩和工笔淡彩等，也有一部分是仿乾隆时期广州彩瓷的形式。这些作品现在还有一定数量存在广东省博物馆中。

高剑父的得意门生刘群兴的彩瓷作品中，有一件正德圆盘《苏东坡夜游承天寺》，这件作品采用工笔国画的画法和色彩渲染技艺，是一件将瓷器彩绘和国画的表现形式融于一体的艺术品。可以看出，当时美术界人士对广州彩瓷是非常感兴趣的，这对后来广州彩瓷的技艺发展有着较大的影响。

20世纪40年代，岭南派著名画家赵少昂也画过不少用工笔和半写意技法的彩瓷盘。他运用陶瓷颜料，以绘画的技法表现出一种生机勃勃、清新明快的彩瓷艺术风格。例如，平盘《竹蝉》，盘上的秋蝉细腻、逼真，衬托上几笔竹，完全是岭南画派的画法。画家杨善琛也画过一些鱼类题材的彩瓷作品，例如，《热带鱼》和《神仙鱼》彩盘等，颜色比较明净。

由此可见，广州美术界参与了广州彩瓷的生产和研究，使广州彩瓷不但在彩绘技艺上，而且在颜料的使用和烤花等方面都得以不断发展。

五、系列产品

牙边花心面包碟的设计非常特别，它在纹样以及工艺上完全继承了广州彩瓷的特色。其实这是两个餐盘的联合体，设计巧妙。当这个餐盘盛满食物的时候更会给用餐者带来丰盛的视觉享受。

广州彩瓷中织金彩瓷的风格在各类产品中被广泛应用，其设计特别强调传统元素的特色，虽然没有重工，往往使用的是经过简化的工艺，但它仍然保持着这类产品的独特风格。

图 3-46　堆金牡丹花鸟天球花瓶

图 3-47　牙边花心面包碟

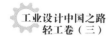

图 3-48　牙边花心面包碟（俯视）

图 3-49　广州彩瓷圆花瓶

图 3-50　广州彩瓷烛台

图 3-51　广州彩瓷双耳花瓶

第六节　其他产品

1. 白地瓜蝶餐具

白地瓜蝶餐具采用花蝶纹花面，即用四季花卉和蝴蝶所组成的纹样。圆盘配上
花蝶纹花面，给人以圆满、美好的感觉。花蝶统率整个花面，位置醒目，主题突出，
通常局部中又有细节，层层递进，整个花面叶脉相连，气韵贯通。花卉、花苞、嫩芽、
枝叶都是向上生长，使花面充满了生命力。它将自然界中不同时期生长的物象放置
在一个花面内，摆脱了自然属性的约束。譬如将四季花卉随意搭配，或把桃花和桃
子同时组织在一根枝条上等。

图 5-52　白地瓜蝶餐盘

图 3-53　白地瓜蝶 50 件桥梁壶、茶杯

2．粉彩茶杯

粉彩山水茶杯以通景形式描绘了春回大地的景色，给人以生机勃勃的感觉。杯
盖上的山水仿佛是转换了视角，拓展了视野。松鹤也是茶杯上经常描绘的题材，具

图 3-54　粉彩山水茶杯

图 3-55　粉彩松鹤茶杯

有延年益寿的寓意，同时更多地融入了中国画的笔墨和神韵，使得产品更加高雅。这两件产品的造型都是经过精心设计的。

3. 粉彩花鸟品锅

以粉彩流畅、充分地表达花鸟的意境，工艺师需要具有良好的艺术修养和丰富的工艺经验。为了使产品更加精致，锅盖沿口和三个把手处都用金水进行了装饰。整个产品的造型也有很大的改变，以适应当代生活和审美的需求。

图 3-56　粉彩花鸟品锅

4. 新山水 11 头酒具

由于粉彩工艺的特殊性，使用粉彩表现桃花盛开的场景别有一番趣味。这套酒具以一个特定的视角展现了春天的场景：江水蜿蜒而来，远景船帆摇曳，中景山峰矗立，近处一排竹筏漂流前行，极富动感。整个产品在壶盖、壶底和杯口各处用金水进行了装饰。

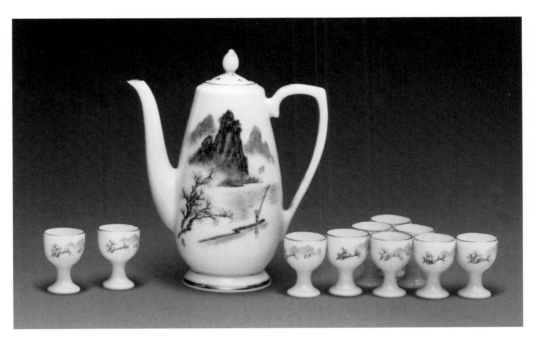

图 3-57　新山水 11 头酒具

第四章 新彩、金水瓷器

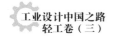

第一节　金地开光新彩龙凤茶具、咖啡具

一、历史背景

新彩是中国陶瓷艺术中一种新的釉上彩绘艺术，其中的一大类就是用金水装饰，而金水装饰工艺往往与新彩、粉彩工艺相结合，而同属新彩的贴花瓷器将在后面单列一节做介绍。新彩与传统的陶瓷釉上彩（古彩、粉彩）属于同类，以色彩装饰为特征，在陶瓷艺术装饰形式方面有所发展。应该说，自粉彩出现后，以色彩装饰陶瓷器皿的工艺便难以有更大的进步了。因为粉彩在艺术表现上已达到了较完美的境界，凡是绘画所能达到的艺术效果，粉彩几乎都能达到。因此新彩刚出现时，只是用来装饰粗瓷，一时还不能登陶瓷艺术的大雅之堂。

新彩颜料的来源和装饰的技法，都是从欧洲国家传来的。新彩能在中国得到发展，并且在发展中以一种全新的面貌独步世界陶瓷艺坛，主要原因是它的工艺性能优越及使用方法便捷。新彩之所以便于手工生产，是因为新彩颜料为熟料，即以氧化铜、氧化锰、氧化铁、氧化铬等各种矿物为原料，经过高温熔烧之后形成各种不同颜色的熔块，再经过研磨后配入专用于低温烘烧的釉面附着剂（熔剂）便可使用。因此，新彩颜料有两大优点，一是在七八百摄氏度的低温烘烧前和烘烧后，颜料色彩基本一致，在进行彩绘时即可看到烧成后的预期效果，有利于设计师把握花面效果。二是除极少数颜料在相互调配后，经烘烧时会产生化学反应外，其他大部分颜料均可自由调配。这两大优势不仅使新彩装饰极大地方便了陶瓷生产，还为陶瓷釉上彩的新发展提供了必备条件。而传统的古彩、粉彩则不然，不但工艺手段十分复杂，而且烘烧前后的颜色迥然，没有丰富的彩瓷经验是难以掌握花面效果的。新彩颜料因上述优势，在古彩、粉彩之后异军突起，深深扎根于景德镇，把中国陶瓷的彩绘艺术又一次推上了高峰。

　　新彩何时传到中国，目前尚无定论和确切的考证。但根据有关资料及对画风的研究，新彩瓷在清末至民国初期便已在中国出现，当时主要产区是景德镇和唐山。新彩颜料最初是从欧洲进口的。在 20 世纪 30 年代以前，景德镇虽然有少数陶瓷艺人试图以新彩颜料画牡丹、梅花之类，但由于其与传统陶瓷彩绘装饰技法的结合还处于初级阶段，作品都有种不伦不类的感觉。所以，新彩颜料虽然有一定的优点，但还不为瓷艺界所重视，只是在粗瓷生产中被广泛使用。20 世纪 30 年代以后，景德镇有些陶瓷艺人着力将新彩装饰艺术和中国的传统绘画结合，并将新彩简单的明暗装饰技法与中国传统陶瓷彩绘技法的一些基本原理相结合。如画叶片和花瓣虽然要画出深浅、浓淡的明暗关系来，但背景却是和中国传统绘画一样留出空白，不需要上彩。这些先行的陶瓷艺人逐渐有了个人的艺术面貌，尝试和应用的结果使得更多景德镇陶瓷艺人开始重视新彩。不仅新彩的彩绘技法得到发展，以新彩颜料制作的瓷用贴花纸、腐蚀金等，都在 20 世纪 40 年代以后得到了很大发展。尤其是 20 世纪50 年代，景德镇创办了中国第一家瓷用化工厂，专门生产贴花纸和新彩颜料、金水等，从此结束了中国新彩颜料依靠进口的局面。

　　由于新彩工艺上的优越性能，以及景德镇陶瓷艺人的探索和创造，新彩在中国得到极大的发展，并成为中国陶瓷装饰艺术的一种重要形式。新彩在全国各瓷区陶瓷装饰艺术的运用中，又进一步形成了不同的地方特色。在景德镇，新彩发展得比较全面，并出现了墨彩描金、刷花、喷花、贴花及手工彩绘等多种新彩种类。

二、经典设计

　　20 世纪 50 年代初，金地开光新彩龙凤茶具以传统造型四合壶为代表，包括一把壶、四只杯和一块圆托盘。壶身属半高型，类似传统锡器茶叶瓶。壶体丰满，上大下小，显得壶身较低，壶口在肩部突起，壶把是回角式的结构。杯子外形饱满，配上纤细

图4-1　金地开光新彩龙凤茶具

小巧的耳把，粗中见细，两相交融。托盘形如圆月，壶和杯放在盘上，平稳贴切，和谐统一。喜庆的题材和丰富的色彩，使这套茶具充满民间风采。

　　在应用金水装饰方面，壶盖上用金色做了分割，壶体用金色界定出主花面。由

图4-2　金地开光新彩龙凤四合壶龙面

图 4-3　金地开光新彩龙凤四合壶凤面

于大面积使用金色，这种设计又被称为金斗方开光装饰。从整体造型上来看，金色连接了壶嘴、壶把，使之成为一个整体，并将视线引导至壶嘴、壶把的优美曲线上，而这两处的设计最具有技术含量。一般来说，壶嘴的斜度与壶体的中线应保持在25°～45°。角度过大，壶嘴会向外突出许多，增加包装运输体积；角度过小，则要使壶更向前倾斜才能出水，不仅不方便，倾斜时还会使壶盖脱落，同时容易使水从壶口流出。壶嘴高度一般与壶口的高度一致，以避免使用不便，原理同前。壶嘴采用了弯曲的 S 形，壶把采用了倒耳垂形，以与壶嘴相协调。

龙凤图案采用了民间传统的风格并加以规整，简洁、大方。直率的形象描绘具

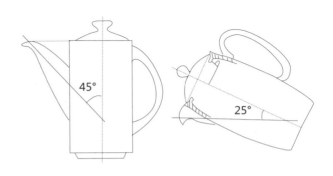

图 4-4　壶嘴的斜度与壶体的中线关系示意图

图 4-5 金地开光新彩龙凤茶杯龙面

有亲民性，红色双喜图形增加了喜庆的气氛，从而成为喜结良缘时的首选用品。而采用新彩描绘，没有使用难度高的技法，符合大批量生产制作的要求。托盘的设计为直口型，强调了留白，而不是龙凤图案，因为托盘是配角，主要是要衬托茶壶与茶杯。

四合壶茶具的造型属于比较早期的风格，与金地开光装饰风格极为搭配。20 世纪 60 年代初，人们的生活爱好有了新的变化，如秧歌舞、腰鼓舞等群众文艺普及到

图 4-6 金地开光新彩龙凤茶杯凤面

图 4-7　金地开光新彩龙凤茶具托盘

祖国城乡各地。设计人员在腰鼓的启示下，创作出的腰鼓壶茶具受到用户的喜爱。主件腰鼓壶与四合壶壶高相近，看起来线条简洁而丰满，与四合壶造型相比，腰鼓壶造型体现了一个"秀"字，壶肩、壶口、盖顶、壶嘴和壶把配合得当，给人一种娴静秀丽之感。腰鼓壶茶具的配套方式与四合壶茶具不同，腰鼓壶茶具共十件，即

图 4-8　金地开光新彩龙凤咖啡具

图 4-9　金地开光新彩龙凤咖啡壶龙面　　　　　图 4-10　金地开光新彩龙凤咖啡壶凤面

一把壶、四只杯、四块盏托和一块托盘（也有不配托盘的）。这种茶具在当时取代了四合壶茶具，成为新一代产品。

　　金地开光新彩龙凤咖啡具的设计沿用了茶具的设计思路，产品整体格局上没有太大的改变，但是弱化了金地开光的设计，使得金水的设计仅仅是作为一个要素出现，占用的面积大大减少，从而留出了更多的空白。

　　根据咖啡具的使用要求，咖啡杯要有配套的托碟，另外要增加奶罐和糖罐。咖啡壶的设计要求基本与茶壶相同，只是整体造型采用长条立式。咖啡杯采用敞口式，与托碟相关的设计之处是咖啡杯把手要避免与托碟相冲突。托碟月心底部"光底"处理也是必须注意的地方。而准确的模数设计能够保证所有产品在运输和收纳过程中节省空间。

图 4-11　咖啡杯把手正确的设计和要避免的错误

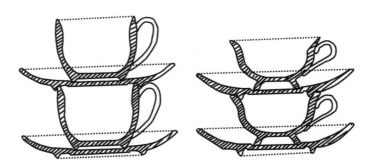

图 4-12　咖啡杯、托碟的模数设计

图 4-13　托碟月心底部"光底"处理示意

123

图 4-14　金地开光咖啡壶、糖罐和奶罐的模数设计

三、工艺技术

　　金地开光工艺早年使用金水进行加工装饰，满足人们对美的需要。特别是较高档的日用瓷器，更离不开金水装饰。但是使用金水装饰的陶瓷，往往会出现如金色不亮、金色发蓝、金色发暗呈古铜色、斑点、冲金、附着力不强等质量问题，这不但浪费了黄金，而且还降低了陶瓷质量。为合理使用黄金，正确操作是很重要的。为了节省黄金的使用，后来用于日用瓷器金水装饰的材料主要有黄亮金水（含Au 10%～11%，也有含Au 8%左右的），磨光黄金水（含Au 20%），印金黄亮金

水（含 Au 14% ～ 20%），白亮金水（分为两种：一种由 Au+Pd 主发色，又称钯金水；另一种由 Ag+Pt 主发色，又称铂金水）。但在实际操作中仍然存在着一系列工艺技术问题，成为这一类产品质量的障碍。丁菊芳在《景德镇陶瓷》1985 年第 1 期总结了一系列的经验。

1. 金色不亮

出现金属膜层不亮（除磨光金外）主要有以下两方面原因：其一是烧成时炉内不良气氛的影响。例如，有大量水蒸气、煤气、煤烟、油烟，或花纸薄膜、印刷油烟在炉内，在金油熔化且没挥发前，有可能吸附这些不良物质，从而影响其亮度。其二是当饰金瓷进入高温彩烧时，加热速度急剧上升，各种油脂突然气化，引起金膜的破裂，由于被燃烧产物污染的气体继续沿着器物表面流动，使碳重新渗入金膜内，造成光泽的减弱。

一般的克服方法是：首先要经常检查烤花炉内是否漏烟，新烤花炉要烘干后才能进瓷彩烧。其次要掌握合理的升温曲线，预热带温度要成梯度逐渐升高，预热开始不能太缓慢，也不能急剧加热。

2. 金色发蓝

金水装饰到釉面上，经彩烧后，呈现深紫蓝色。其产生原因，一是饰金过薄；二是饰金过程中，掺加稀释剂过多，冲淡了金液；三是彩烧温度过高，促使一部分金属挥发，从而使金膜发蓝。

此类问题的解决方法主要有两个。一是镶金时不能镶得过薄，应按各种不同含量金水的标准进行镶金，决不能降低标准，片面追求节约金水而影响质量。二是彩烧温度不得过高。各种陶瓷用金水一般都规定在 750 ～ 850 ℃进行彩烧，超出这个彩烧温度就有可能使金膜发蓝。

3. 金色发暗呈古铜色

黄亮金水装饰到釉面上，经彩烧后发暗，不光亮、呈古铜色。产生原因是金水存放期太长，产生沉淀，在镶金时会将沉淀物也镶于瓷面。由于沉淀物多为难熔金属或灰尘之类的杂质，所以使金膜发暗，呈古铜色。为解决这一问题，应避免金水存放时间过长，一般不要超过两年。有些生产厂家生产的金水性质不够稳定，在进厂之前，金水过早产生了沉淀。沉淀物应分离后集中送到金水生产厂家回收再加工。这样既可避免金色发暗，又能做到节约用金。

4. 斑点

金水装饰到釉面上，经彩烧后，金膜上出现大小不一的白色斑点，产生原因是金水中的添加剂选用得不合适或用量不当。另一原因则是彩烧时，炉内空气不流通，预热带升温过急。金水本身要选择理想的添加剂，从主要方面改善金水的性能，消除斑点。

5. 冲金

冲金主要是指金水镶在贴有薄膜花纸的釉面上，经彩烧后，金线出现断线和移位。这是因为陶瓷贴花纸使用了聚乙烯醇缩丁醛薄膜做载花体。这种薄膜在彩烧时，会在 200 ℃时开始熔融，300 ℃左右开始分解，并释放出大量气体，如此气体没有及时排出炉外，而接触到瓷器温度较低的地方，即 200 ℃以下的地方时又会部分凝结成液体。因这种液体溶解金膜的能力很强，当金边或金线条接触到这种气体或液体时，会很快收缩或断裂。克服方法是保持烤花炉内有清洁的空气通过饰金物表面自由循环，燃烧废气能畅通无阻地排出。炉内预热带必须装有排气孔。装炉时，注意做到稀码散装，也有利于克服冲金缺陷。

6. 附着力不强

饰金瓷器经过彩烧后，金线条易擦掉，称为附着力不强。产生原因有多种，一是饰金产品彩烧温度低于 750 ℃，金膜还没与釉面结合牢固；或彩烧温度虽达到 750 ～ 850 ℃，但整个彩烧过程时间太短，以至金膜在釉面上附着不牢。二是金水如添加稀释剂太多，致使单位体积中能起附着作用的物质减少，也会引起整个金膜附着力不强。三是被彩饰的瓷器表面不清洁，有灰尘。四是金水制品本身含铋量偏低，影响金膜本身的附着能力。五是彩烧后的饰金产品放在潮湿或有腐蚀性气体处受到腐蚀，影响了附着力。克服方法是严格控制彩烧温度在 750 ~ 850 ℃，并注意做到整个彩烧应在 60 ~ 90 min 完成。饰金瓷器彩饰前要清除附在上面的水分或灰尘。不能任意冲稀金水。金水产品要注意调好铋的配比，以达到所要求的金膜附着力。彩烧后的饰金产品，不要放在潮湿或有腐蚀性气体的地方，特别是使用稻草包装的瓷器，更应放在干燥处，以免受腐蚀。

四、产品记忆

景德镇陶瓷大学的黄皇在攻读硕士研究生期间，开始关注到饰金工艺，他从传统产品入手研究，认为传统工艺中运用的金饰主要是为皇家御用瓷以及官窑瓷使用，形成了富贵、吉祥、大气、精致的风格。而后他通过自己对饰金资料的搜集，对金水在日用瓷器中的应用做了一些简单的分析和归纳，主要结论如下：

（1）用于器皿的口沿。此种描金用法最为常见，象征"金口玉言"。

（2）在形体的各个转折处描金。这种手法多在造型转折或者结合处较多的器形中运用，给器物的造型带来精致、大气之感。

（3）用于描绘器物中图案的外轮廓线。此种装饰手法能强化图案的装饰效果，并且带有富贵之感。

（4）贴金装饰。在烧好的白瓷上进行立粉堆花，堆花成轮廓后再在部分轮廓内贴金，此种装饰效果比较古朴大气。

（5）描金斑点。这种装饰与线条描绘技法有一定的区别，描金斑点的装饰技法使器物形成自然的斑驳图案，具有朴质的视觉效果。

（6）描绘花卉图案。花卉图案是瓷器装饰的常用题材，而使用金水描绘的花卉可与底色产生更加强烈的对比效果。

（7）描绘动物图案。例如，龙纹为中华传统图案，通过金水加以绘制可以产生更加富贵之感。

（8）以金水铺底，然后再装饰。这种方法与通常的金水装饰相反，它是通过金色做底，然后再在其上用粉彩等釉上彩进行装饰，花面富丽华贵。

（9）金水实心图案装饰。此种装饰手法使金水的视觉效果更突出，器物图案更具分量感。

（10）以金水在器皿上书写文字。此种装饰手法使文字也成为瓷器的装饰，且能表现出更加丰富的信息。

他同时认为，随着时代和科技的不断发展，金水会出现更多不同的运用形式。我们要继续用发展的眼光去看待当今的艺术，但是也不能忘掉传统。传统文化是现代文化发展的根基，只有更好地了解传统，才能在新的道路上走得更远。

五、系列产品

在金地开光新彩龙凤茶具、咖啡具推出不久后，其装饰手法被应用到中式餐具中。从风格来看，金地开光龙凤双喜餐具继承了前两者的特点，工艺上完全相同。这套

图4-15　金地开光龙凤双喜餐具

图 4-16　金地开光龙凤双喜品锅

产品一经问世便受到市场的欢迎，由于价格相对便宜，金色装饰、红色双喜和龙凤图案的吉祥寓意符合中国人以及世界华人的主流审美观，所以销量很好。品锅作为这套餐具里体积最大的单品，锅体和锅盖上装饰有一对龙凤，成为这套产品中最夺人眼球的单品。

第二节　满地金水餐具、茶具、咖啡具

一、历史背景

20 世纪 80 年代，中国出口日用瓷器的核心竞争力主要还是花面设计，也就是装饰纹样的设计。这既与当时的设计、生产体系有关，又与当时设计观念的局限性有关，因此往往在工艺技术有了突破以后，试图以新的工艺技术去表现旧的题材。满地是一种传统的装饰形式，但是在传统的工艺技术体系中，使用满地金水的装饰形式不仅成本极高，而且成品率极低。

从消费者的认知角度来看，满地金水几乎是高端产品的代名词，因为其花面传达出富贵的气息，还配有适合的吉祥图案，非常适合在国际市场销售。从国际市场的经验来看，成套产品的利润高于单件产品，所以成套产品的设计可采用比较复杂、成本比较高的工艺技术，乃至用比较多的人工去完成。因此，满地金水类瓷器设计有可供中、西餐使用的餐具、茶具、咖啡具共计 120 件。其设计目标不是在日常餐饮中使用，而是为主人举办大型宴会所准备的，所有的设计都服务于彰显主人的品位。

从生产的角度来看，成套产品的生产难度要高于单件产品，因为同一批次的成套产品要求色泽一致，基本没有色差，这个问题一直困扰着生产厂家，也是中国日用瓷器在国际市场上的短板。但是由于当时中国日用瓷器的制造大部分还停留在手工操作阶段，对于批量生产而言，缺少相应的技术手段和定量管理的措施，只能依靠肉眼检测，成品率较低，因此成套产品件数越多，生产难度越大。

二、经典设计

在完善了金水的工艺技术之后，满地金水的设计方案应运而生，与之对应的装饰设计手法也相应有提升。二十世纪七八十年代，出口的产品使用万花的装饰设计以使产品更具有竞争力。

万花的设计构图与工艺相对比较成熟，一般使用粉彩工艺。粉彩工艺能够充分表现花卉的妩媚，也易于表现出百花齐放的生动场景。设计选择牡丹花作为主体，

图 4-17　满地金水鱼盘

图 4-18　满地金水品锅（俯视）

并配有其他花草，使前者表现出富贵之感。细线勾勒出的花草形态，配合以花朵的晕色处理，整体显得十分生动。红花绿叶看似对比强烈，但是经过其他花卉黄色、蓝色、紫色的调和后和谐统一，毫无艳俗之感。最主要的是，所有的色彩被统一在满地的金色中。

　　特别值得注意的是，金色覆在不同形状的产品上时，不同的部位在光线的照耀下会产生不同的折射光。由于不是通亮的金色，而是略带亚光的金色，看起来比较

图 4-19　满地金水品锅（正视）

图 4-20　满地金水奶盅、咖啡壶

柔和，犹如在金色宣纸上画出的小写意花卉，十分雅致。这种感觉在品锅上表现得
尤为突出。为了保持品锅形态的完整性和工艺上的可靠性，其两侧把手部分的形状
尽可能地融入了锅体，但却采用红色图案做装饰，以提示使用者注意。满地金水餐具、
茶具、咖啡具严格来说没有系列产品，每一次订货后，工艺师会根据自己的经验来
设计，但所采用的工艺相同，整体面貌十分类似。

图 4-21　满地金水小盖碗

三、产品记忆

满地金水餐具、茶具、咖啡具在出口创汇中功不可没，绝大多数品种都在产品的口、足、嘴、把、盖、纽，以及器形转折部位采用了饰金工艺，部分内销产品也是如此。但在实际生产中应避免过度的装饰。为此，1983 年，宣化第一瓷厂的刘景新在《陶瓷研究与职业教育》杂志第 2 期中提出了警示。

（1）珍惜金水的使用。有的产品大面积饰金，不仅浪费黄金，而且只能给人以粗糙、烦琐和庸俗的感觉，冲淡了装饰效果。

（2）严格控制金水的使用范围。国家规定出口产品使用金水。而实际上大量低档内销产品也都使用了金水，导致黄金资源的浪费。

（3）限制扩大金水生产，提高金水质量。目前金水的生产和研究单位应集中精力提高金水质量，改进金水使用性能，帮助使用单位解决技术难题，不要轻易扩大产量，并应注意不断改善金水的包装、储存和运输，减少损失。

（4）改进使用方法，提高利用率。金水进厂首先要进行抽样检查，按特定要求妥善保管和发放。对金水的使用者要进行必要的技术培训。

（5）抓好金水废料回收。镶金用的废旧生产工具和辅料中含有不少黄金，应配备专门的回收人员，由有关单位举办回收训练班，加强技术培训或成立流动回收小组解决这些问题，杜绝浪费。

（6）研制、生产液体颜料。应尽快研制、生产各种液体颜料，扩大使用范围，取代金水。

他特别指出：应设计并生产少量金饰或不用金饰的产品。设计人员应把合理使用金水或根本不用金水装饰产品作为一个研究内容。外贸销售人员也应积极为这类产品打开销路。

第五章 贴花瓷器

第一节　贴花红双喜和合器

一、历史背景

贴花陶瓷工艺的起源可以追溯到晚清时期，当时称为刷花。开始以竹纸临摹图样，并用稀胶水贴在瓷器上，以特制的小刀沿着图样刻画，再将纹样内的纸屑剔除，形成空白。用刷笔蘸色，通过一个小铜丝网将颜色刷在空白处，留下一个个微小的色彩网点。民国时期，这种工艺主要应用在低端的日用瓷器上，因为操作简单、成本低廉，所以产品售价也比较低，受到老百姓的欢迎。刷花具有洗染细致匀称的艺术效果。在艺术表现上，色彩的由浓到淡或两种及两种以上颜色的过渡与衔接，均可采用刷花的形式，达到色彩连接柔和自然的艺术效果。

20世纪50年代，景德镇便有艺人尝试用刷花的形式在陶瓷上进行彩绘，代表人物是陈先水。他通过刷花与彩绘相结合的方法，形成了自己独特的艺术风格。这种刷花的表现方式在当时主要用于小批量瓷器的装饰，但手工刷花速度慢，因而在20世纪60年代，便改为借助机械的流水作业式的喷花，并用于批量化瓷器的生产。在喷花的过程中，空气中悬浮有大量颜料微粒，严重伤害操作者的身体，因而在20世纪70年代以后停止了这种生产方式。

1956—1957年，上海国华化工厂和鸿丰化工厂迁至景德镇，同时并入景德镇瓷用化工厂，承担起各种贴花纸的研制任务。1968年，景德镇红旗瓷厂成立了第一个釉下多彩丝网薄膜花纸实验小组，并于1975年扩展为花纸车间。

二、经典设计

陶瓷贴花纸色彩的浓淡变化是由印刷版面上排列网点的疏密程度决定的。版面上的网点在复杂的工艺流程中必然会"流失"一部分，再加上陶瓷颜料调制的瓷墨发色率不强，所以很容易印得模糊不清，面目全非。例如，表现一朵花，它的背光面色彩深，轮廓比较分明；它的受光面有高光点，因此深浅不一的受光部分，花瓣之间的界线不很明显；而它的外部轮廓受光源色的影响，有些地方与底色融成一片，投影也会比较模糊。为解决这类问题，就必须像素描技法一样，在适当的部位加线条或色块，改善贴花纸的印刷效果。

陶瓷贴花纸采用专色专印、多次印刷的工艺。花面上有几种色相就要印刷几次，而且深浅不同的颜色也要分次印刷。多套次的印刷很容易使花面纹样套色不准确。这就要求在不影响花面艺术效果的前提下仔细斟酌所用的色彩，利用有限的、既定的色相和色度来完成整体设计。例如，绿叶可用花朵中的深红色来画叶脉，以省略一道墨绿色的印刷过程。花朵背衬的蓝灰色，可用既有的绿叶中的绿灰色来代替等。这些减少印刷套次的措施同时也降低了生产成本。

陶瓷贴花纸必须适应不同的陶瓷器形。陶瓷的线形、体量、装饰部位、弧度等不同变化，使陶瓷贴花纸的花纹展开面要有一定弧度才能与瓷器的装饰面相吻合。因此，每一次变更陶瓷器形，都要重新绘制陶瓷贴花纸，并且重新制版，重新印刷。特别是边缘整齐的图案，这个问题就显得尤为突出。这不仅导致工作量的增多，而且陶瓷贴花纸的规格难以统一，艺术风格也很难达到一致。为了克服这个问题，在设计时应尽量少采用连贯不断、整齐划一、弧线跨度大的装饰纹样，多采用间隔性的装饰纹样，例如采用以下几种形式的装饰纹样：

（1）完全采用小朵花排列组成。

（2）一道窄而短的几何图案边花，配合小朵花，连续排列成边饰的组合纹样。

（3）用大小不同的两种花朵间隔重复排列，组成边花。

（4）用单独的几何图案和折枝小朵花间隔排列组成边花。

　　和合器属于盘类的一种，是有底与盖的折边深盘。其形盘深，大肚，近口处折边，边沿直上，加盖后不易滑动。和合器之名取"和谐美好"之意，因此，和合器也成为幸福家庭喜爱的用品，象征夫妻和谐、幸福美满。1985 年，景德镇景兴瓷厂生产的磬声牌贴花红双喜和合器荣获江西省优质产品奖。

图 5-1　贴花红双喜和合器

<table>
<tr><td>花纸编号</td><td>PS 5074</td><td>花名</td><td>龙 凤 双 喜</td><td>适用器形</td><td>20头、45头</td></tr>
</table>

图 5-2　龙凤双喜花面贴花纸设计

三、工艺技术

　　陶瓷贴花纸的印刷与一般的彩色印刷是有区别的。彩色印刷是印油墨，而陶瓷贴花纸印刷是印瓷墨。瓷墨是由陶瓷颜料加油料轧成的。印好的陶瓷贴花纸须贴在瓷器上，而后要经过 780～800 ℃的彩烧，才能在瓷器表面上呈现出各种鲜艳的色彩。

　　印制一张陶瓷贴花纸的过程比较复杂，需要经过几道工序并由印刷制作、大小版子、纸张加工、陶瓷颜料等几大部门互相配合完成。陶瓷贴花纸有手工绘版、照相制版两种制版方式。照相制版又分为二翻照相制版和直接加网制版。手工绘版对技术要求较高，全靠手工来描绘各个套色版，并用点和线两种方式结合绘成分色版。手工绘版是比较适合于印刷陶瓷贴花纸的。由于陶瓷颜料是无机性颜料，硬度大，颗粒粗，不易粉碎得很细腻。手工绘版在印刷过程中吸墨量比较足，因而图纹轮廓部分显示清晰。但不足之处是描绘一个底版所花费的工时很多，而且对原稿的忠实还原度较差。

　　照相制版中的直接加网制版，技术容易掌握，成品质量较好，制版速度快，且分色出的阴图片上已有网点成数，可以直接判断是否与原稿上所要求的网点成数相符合。另外还可以采用无网高光蒙片做分层曝光，可以拉开图案层次，成品清晰度高。

花纸编号	PY 5896	花名	牡　　丹	适用器形	碗类、盘类

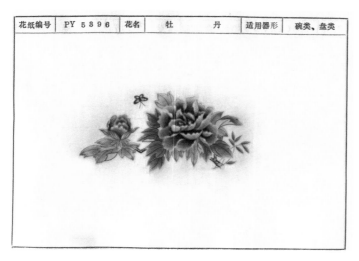

图 5-3　贴花纸设计之一

但是陶瓷贴花纸一般是专色专用，要掌握好直接加网制版，修版者必须具备一定的绘画基础，掌握各种绘画特性和彩色组合，特别对陶瓷颜料性能要有所了解，要掌握绘版的基本功和使用绘图仪器的方法。

随着科技的发展，出现了电子分色机。它的结构先进，有电脑和激光扫描装置，还配有恒温显影系统，使陶瓷贴花纸的清晰度得到明显提升。使用电子分色机制版时，必须经过技术熟练、掌握了陶瓷颜料性能的修版者做局部修正，这是因为陶瓷颜料

花纸编号	PY 5484	花名	如意玫瑰	适用器形	碗类、盘类

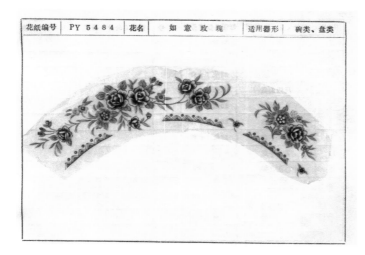

图 5-4　贴花纸设计之二

| 花纸编号 | PY 5521 | 花名 | 寿 带 桃 花 | 适用器形 | 壶 类 |

图 5-5 贴花纸设计之三

还不能达到三原色油墨色彩的水平，所以要在阴图片上做一些特殊处理。

陶瓷颜料有相互渗透性，对装饰设计来说是一种制约。有的设计师就考虑在渗透性上做文章，参与制版工作，把花朵中表现明暗关系的灰色线条放在底层第一套色，面上再罩以整体平涂的白色。花纸经彩烧后，灰色线条产生若隐若现的效果，恰到好处地表达了白色花朵的转折关系。另外，这样的工艺处理使套印方便，即使产生少许偏差也不影响产品质量。

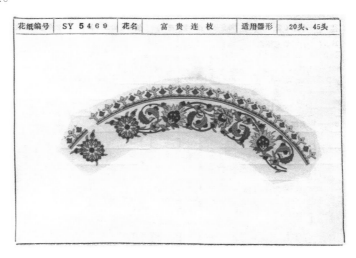

| 花纸编号 | SY 5469 | 花名 | 富 贵 连 枝 | 适用器形 | 20头、45头 |

图 5-6 贴花纸设计之四

陶瓷颜料对陶瓷贴花纸的装饰设计也有制约。陶瓷颜料一般不能像绘画颜料那样可以任意配合，因为它是用金属氧化物（氧化铁、氧化钴等）制成的，其发色受着色剂的限制，又受助熔剂的影响。如果配合不当，在彩烧中发生化学反应，陶瓷颜料会失去光泽和色彩，体现不出装饰效果。例如，锡黄类颜料就不宜与铁红类颜料混合。但某些陶瓷颜料也具备一定程度的配合性，可以通过配合产生间色和再间色。由于这种有限的配合性，陶瓷装饰色彩比绘画色彩单调一些，每种系列基本上都是同一颜色的深浅变化。所以陶瓷贴花纸的设计不能像绘画一样，随心所欲地运用丰富的色彩，一定要按照陶瓷颜料的性能特点和烧成效果来进行设计。

由于着色剂、助熔剂的性质和热膨胀系数的不同，同一类颜料（新彩、粉彩）的熔点也有一定的差别。一般来说，色彩浅的颜料含助熔剂多，彩烧温度偏低；色彩深的则相反。通过工艺调整，平印花纸（以 PY 两字母标注）的彩烧温度为780～830 ℃，丝印花纸（以 SY 两字母标注）的彩烧温度为 800～850 ℃。但有两种颜料——赭石和桃红——要予以注意。这两种颜色搭配在一起时，如果仅加热到赭石的熔点，则桃红还欠火候，就会造成发色不鲜艳；如果加热到桃红的熔点，则赭石过了火候，色泽将偏暗。因此，当需要同时使用这两种颜料时，可一种色彩面积大些，另一种色彩面积小些，使其影响不显著。

图 5-7　用于贴花印刷的各种颜料

四、产品记忆

使用陶瓷贴花纸制作批量产品时，最大的难题是色差。因为成套的出口产品要求图形、色彩都一致，否则就要面临退货、索赔的困境。20世纪80年代中期以前，中国生产的陶瓷贴花纸很难做到成套的产品图形、色彩都一致，特别是一个批次与另一个批次之间几乎无法保持一致。面对这样的难题，当时景德镇瓷用化工厂的技术人员夏海德提出通过细微调整色彩的配方来补救，但耗时、耗工，也不能完全解决问题。当时他还提出了其他解决办法，都是以经验为主的，例如，使用陶瓷贴花纸印瓷时，自动胶印机的车速不能太快。而调整胶印机压力则是更加关键的工作，根据他的经验，较之一般印刷，印瓷的压力要轻，印版与橡皮滚筒之间要留间隙15丝，这样才能达到点线清晰、平整结实的效果。另外，他建议一般叠加印色不要超过三套，而且要以熔点低的色彩做底，在高温烧制时熔点低的色彩会先碳化熔解，与瓷釉产生附着力，熔点高的色彩覆盖其上，可以保证印制出的图形清晰。他同时建议，刚刚制作完成的陶瓷贴花纸要在仓库中保存一周，以使各方面性能稳定。

陶瓷贴花纸技术的应用是中国日用瓷器从手工生产走向标准化生产的关键一步，也是中国日用瓷器转型的契机，在当时亟须技术的升级换代和科学研究的支撑，对生产装备也提出了新的要求。20世纪80年代，中国从日本、意大利等国进口了许多陶瓷生产装备，国内也更加注重生产装备的开发设计，试图用机械生产替代过去的一部分手工技术，以标准的生产流程应对国际市场的需求。在这个关键时刻，中国设计师的思想也发生着巨大的变化，美术学院、专业陶瓷教育机构的毕业生和研究机构的专业人员纷纷加入设计队伍，有效地提高了设计的水平。

五、系列产品

中华人民共和国成立后，随着生活水平的提高，消费者对餐具的需求骤增，对质量的要求也越来越高。因此，设计师将碗、盘、碟、匙等按需要和习惯组配成件

图 5-8　贴花红双喜正德餐具

数不同的成套瓷器，一般采取统一的造型，其装饰花纹和釉色也都相同。20 世纪 80 年代初，餐具的组合日益丰富，其种类有中餐具和西餐具。一般常见的有个人用餐具、家用餐具、餐厅用餐具、宴会用餐具。其配件数有 110 头、92 头、64 头、54 头、45 头、36 头、24 头、20 头等，必要时还可以根据客户所提出的品种以及装饰花纹、件数另行组合。

1985 年，景德镇景兴瓷厂生产的 54 头贴花红双喜正德餐具荣获江西省优质产品奖。

第二节　丝网印刷玫瑰餐具、咖啡具

一、历史背景

在西欧一些国家及日本，丝网印刷不仅应用在电路、布匹、塑料、油画复制等方面，而且更广泛地应用在陶瓷贴花纸和玻璃搪瓷器皿贴花纸方面。在我国，随着科学技术的进步，丝网印刷在传统工艺的基础上不断发展创新，取得了十分可喜的成绩。

就工艺技术而言，丝网印刷是一种既简单又复杂的特殊工艺：说其简单，是指工艺操作方便，可以用手工，只需一张工作台和一个橡皮刮刀；说其复杂，是指对于套色印刷准确度的把握，要求色层均匀，并涉及精密度较高的网线图像版制作等。

二、经典设计

以玫瑰为设计元素的日用瓷器受到当代市场消费者的欢迎，采用丝网印刷的玫瑰餐具、咖啡具能够真实、细腻地表现其自然状态，成为设计师钟爱的主题。从事这一类产品设计的设计师大都经过专业的训练，既能够理解艺术的规律，又能够自觉地探索相应的工艺来配合实现设计方案。当然还有一个原因是 20 世纪 80 年代，我们国家从日本引进了电子分色机和全套的丝网印刷机，同时开发了各种颜料和陶瓷贴花纸，借助工业技术的力量实现了精美的设计。这些设计在强调秩序感的同时充分表现了玫瑰的活力，运用色彩表现不同风格的玫瑰。这种在强调餐具、茶具、咖啡具整体感觉的同时，又能展现自然气息的设计，更加符合现代人的审美，也能够保证批量生产产品的品质。

图 5-9　香水玫瑰系列餐具、咖啡具

图 5-10　蓝玫瑰系列餐具、咖啡具

丝网印刷与其他印刷方法相比，其制版和印刷程序简便，机械化程度高。不但印刷可以机械化，而且制版也可以机械化操作。其他印刷方法只限于在平面上进行印刷，而丝网印刷无论是在平面，还是曲面上，都可以印刷。如采取一定的技术措施，

图 5-11　双玫瑰边花系列餐具、咖啡具

图 5-12 锦绣玫瑰系列餐具、咖啡具

还可以在球面上进行印刷。丝网印刷的产品墨层厚实，富有立体感。丝网印刷不仅可以广泛应用于陶瓷贴花纸，经过技术改进后，其成品效果还可与传统的粉彩装饰相媲美。

三、工艺技术

制版是丝网印刷过程中的一个关键性工序，一般分为手工制版与光学制版。手工制版是采用刻漆膜的方法，在漆膜上雕刻出所需要的图纹，然后贴附在丝网上进行印刷。但这只能应用于简单的印刷制品。现在一般不采用手工制版，主要是采用光学制版。

丝网是丝网印版的主要骨架。要制作一块理想的丝网印版，首先要根据底片点、线、面的需要，恰当地选用丝网网材。高网目一般用于制作精细度高的印版，低网目一般用于制作粗线条及块面印版。丝网材料很多，主要有真丝、棉、尼龙、涤纶、聚乙烯、不锈钢、铜丝等。目前一般采用涤纶网，其优点是伸缩率小、弹性好、套色印刷时准确度高。尼龙网耐印率高，但在晒版过程中受真空压力的影响，易使图像变形。金属网的优点是晒制图像的分辨率高，无光晕产生，在印刷过程中漏色性能好，图纹点、线、面光洁；但伸缩率差，易破裂，且网材价格昂贵，多用于精密度高的印刷品。

要想得到一块理想的印版，除了网材外，感光乳剂也是很重要的。感光乳剂无论是在光分辨率还是在图纹的清晰度上都起着很大的作用。

四、产品记忆

据设计师喻尊清回忆，20 世纪 80 年代中期，我国的丝网印刷工艺在陶瓷装饰方面迅速发展。据初步统计，当时全国陶瓷印刷行业拥有全自动丝网印刷机 50 多台，丝网印刷打样机则更多。有的工厂还从国外引进了自动绷网机、自动显影机、高压汞灯自动晒版机、测厚仪、张力仪等先进设备。

由于种种原因，当时大多数生产单位只能承印粗线条及色块图纹的丝网印刷制品，对于精密度高的网线类制品，还没有足够的生产力，从而没有充分发挥丝网印刷的工艺技术特点。

五、系列产品

丝网印刷适合小花朵的组合排列设计，由三原色加黑色的网点具有无限的表现可能。高精密度丝网印刷工艺的实现为设计高档日用瓷器提供了很好的条件。设计花面的创新变得十分迫切，但在这一过程中又要遵循一定的规则。高档日用瓷器装饰设计要留出足够的空白之处，以显示高质量的瓷质，装饰主要靠精细之处的品质感营造。因此，除了玫瑰的主题之外，还加入了其他的花卉作为设计元素，丰富了玫瑰系列产品。虽然也有其他花卉单独作为主角来装饰产品，但其市场认可度仍然不能与玫瑰系列产品相比。

图 5-13　野玫瑰系列茶具

图 5-14　茶色玫瑰餐具、茶具

图 5-15　小玫瑰、向阳菊、小牡丹餐具（从左至右）

第三节　腐蚀金孔雀牡丹咖啡具

一、历史背景

　　腐蚀金贴花装饰是 20 世纪 80 年代发展起来的新型陶瓷装饰工艺，具有独特的装饰效果。这种新工艺操作简便，其花面的细致、清晰程度也远远超过了手工腐蚀，更利于大批量生产。它的出现，为发展我国高档日用瓷器的装饰创造了条件，对提高我国出口瓷器产品的经济效益有着极其深远的影响。景德镇为民瓷厂的试产可以说明，腐蚀金贴花工艺是切实可行的。

二、经典设计

　　1980 年，景德镇瓷用化工厂采用特殊颜料制成腐蚀金陶瓷贴花纸，经过镶金和

图 5-16　腐蚀金孔雀牡丹咖啡具

烤花后效果良好。产品规格整齐、纹样清晰，便于配套，生产效率高，既可单独用明暗相对的金色纹样装饰，也可用金色纹样镶边，还可与高级贴花纸搭配使用，色彩丰富，花面也易于更新，适合用于高档配套餐具、茶具、咖啡具或陈设艺术瓷器的装饰。

三、工艺技术

腐蚀金贴花装饰面的亮金部分在光源的照射下产生镜面反射效果。它的反射光会随着环境的不同而变换。当装饰面的反射光线正对观赏者的视线时，显现在观赏者眼前的是亮金色与无光金色不同质地形成的强烈对比，并具有一定的凹凸效果，此时花面金光灿灿，纹样清晰易见；当装饰面背光，或即使对着光源，而反射光线不能射向观赏者的视线范围内时，显现给观赏者的只是一整块没有光泽、没有对比关系、纹样模糊不清的暗金色块，其装饰效果就很难显示出来。因此，腐蚀金装饰的花面效果，与光照条件及其反射光线能否与观赏者的视线相遇有密切的关系。

通常室内自然光来自稍高于桌面的斜上方的窗户，人工照明也基本上是从斜上方照射物体。陶瓷器皿，尤其是日用瓷器，惯常的摆放位置是在视平线以下的桌面上。图5-17是在这一通常环境条件下，不同器形所产生的不同光反射角度示意图。

从图中所示的情况可以得出这样一个结论：当法线按入射方向延长，能与桌面相交，并形成一定夹角时，反射光线方能射向桌面以上的空间，才有机会与视线相遇，夹角愈大，对接触视线愈有利。而当法线按入射方向延长，与桌面平行，或成反方向延长相交时，反射光线必然射向斜下方，因此是不利的。由此可见，当器物的仰斜面和水平面受光条件较好时，它的反射光线几乎正对斜上方，与斜俯视而来的视线接触的机会较其他部位有利。在选择装饰部位时，可以将此部位作为最佳部位来进行装饰，如盘、碟、敞口碗的内侧，瓶、罐的肩部以及一些上收器形的主体面等；而器物的俯斜面和垂直面，如敞口碗的外侧，瓶、罐的下收部位，以及一些垂直或下收的面上的装饰都是不可取的。当然，有些垂直或下收斜度不大、容量小而无盖

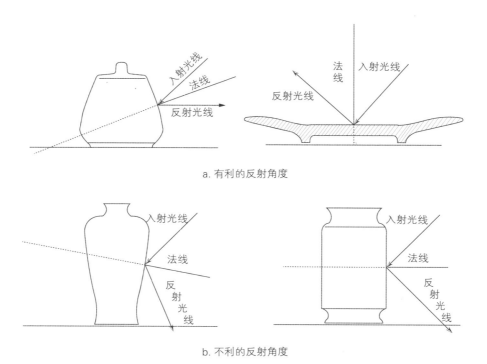

a. 有利的反射角度

b. 不利的反射角度

图 5-17　不同器形所产生的不同光反射角度

的器皿，如小酒杯、茶杯、咖啡杯等，人们在使用时常常习惯晃动或翻转，人为地改变欣赏角度，这类器皿适当地加上腐蚀金贴花装饰也未尝不可。

各种不同的艺术形式都有其独特的艺术语言。它的形成，取决于设计者对材料、工艺性能的认识和把握，并根据这些去总结创造。腐蚀金贴花装饰由同一色相、光泽度不同的两种金色构成，它们各有不同的个性：亮金色泽光艳，闪亮凸起，显得活泼、华丽，给人以强烈的运动感；暗金色泽柔和、平实下凹，显得文静庄重。把这两种不同个性的金色搭配在一起，组成装饰纹样，应注重处理好两者之间的对立统一关系。要充分发挥暗金对亮金的制约作用，较大面积地使用暗金，再用较小比例的亮金线条和色块，有条理地去分割暗金部分，以求得和谐统一的整体效果。亮金的分布要尽量保持连贯性，避免互不关联的孤立亮金点在纹样中形成散乱的闪光，致使纹样节奏混乱，破坏整体的协调性。比较可取的纹样结构形式是采用亮金的点、线、面组合，构成连贯性较强的纹样，以比较大面积的暗金做底色。为了方便贴花操作，还应注意纹样边缘的完整平直，避免过多、过小的转折弯曲。

四、产品记忆

腐蚀金贴花装饰通过它独特的表现形式，即运用两个层次的金色亮暗、凹凸对比表达艺术形象。由于材料的局限性，它不可能完全具体地表现物体形象。腐蚀金贴花装饰纹样设计要不为自然所束缚，大胆地设想，运用浪漫手法，从表现物象的特征和内在本质出发，高度提炼、概括，舍繁就简，使形象更典型、更完美。同时还必须充分考虑金色本身的装饰性、装饰与选型的适应性和贴花装饰的特殊性，强调艺术形象的图案化、装饰化、程式化。

20 世纪 80 年代，景德镇瓷用化工厂的胡光震在设计腐蚀金综合花面"奔马"的过程中，进行奔马选型时，吸收了我国传统图案的艺术夸张手法，着重于概括和提炼，增强了花面整体感的同时，进一步提高了产品艺术效果，既有民族风格，又具有时代精神。

对于一般的装饰纹样来说，在处理好纹样结构的同时，也就相应地解决了色彩

图 5-18　腐蚀金综合花面"奔马"

的搭配问题。但是对于腐蚀金贴花瓷器来说，还存在一个装饰纹样色彩与瓷器质地色相协调的问题。腐蚀金贴花装饰是以整块稍有变化的金色色块或色带的面貌出现在瓷面上的，无论是装饰在白釉细瓷、骨灰瓷，还是其他淡色釉瓷器上，面积都不宜过大，否则会显得极不协调，影响瓷器清新、洁净的特色，因此装饰要力求以少胜多、恰到好处。

腐蚀金贴花装饰的色调单一，装饰效果受到光照的限制，这是其难以克服的弱点。把它同新彩陶瓷贴花装饰结合在一起组成综合装饰纹样，是克服这一弱点的有效手段。这样不仅强化了腐蚀金的装饰作用，而且对开拓陶瓷装饰的新方法更具有深远的意义。

五、系列产品

用金色装饰的日用瓷器受到世界各地中高端市场的欢迎，腐蚀金贴花装饰的适当应用，使产品在保持造型简洁，强调其功能特征的基础上优化了产品的视觉形象，

图 5-19　腐蚀金贴花餐具

图 5-20　腐蚀金贴花茶具

如与丝网印刷的其他纹样相结合，则可以营造出更加丰富的装饰效果。这类装饰方法可以在批量化生产的条件下控制产品的品质，提高成品率。

图 5-21　腐蚀金贴花与丝网印刷综合工艺餐具、茶具

第四节　其他产品

1. 电光彩 15 头茶具

20 世纪 60 年代，电光彩开始广泛应用于日用瓷器和陈设瓷器。彩烧温度为
750 ~ 850 ℃，电光水彩烧后像薄膜一样贴附在瓷器表面上，呈现出金属、珍珠或月
光般的光泽。

电光彩的装饰形式与金彩很接近。大多数情况下，电光彩都是与其他彩绘形式
结合运用的，而且多以色带装饰为主，在高端瓷器的装饰中也和金色配合使用。有
些用金彩的产品也开始用电光彩作为替代物，例如，在金地开光装饰中，以电光地

图 5-22　电光彩 15 头茶具

代替金地，形成新的电光地斗方产品。在电光彩装饰中，最具特色的是电光地白花产品，它的特点是在各种色彩的电光地上表现白色花纹。这是利用碳素在烧成中的挥发作用，使电光水无法贴附于瓷面而露出瓷胎的本色，最终出现白色花纹。

电光水的特性与金水基本相似，操作方法也基本相同，不同的是电光水的扩散性较大，描线易散开，故不宜直接用于线描。

2. 青花影青餐具

1982 年，人民瓷厂的技术人员经过 30 多次反复试验，研制出一种"以贴代刻"的新工艺，即将贴花纸和青花花纸同时贴于坯体上，形成青花和影青相结合的产品。这批青花影青餐具，幽静雅致的青花、晶莹剔透的暗刻花与白中泛青的影青色釉互相衬托，交相辉映，深受人们喜爱。1984 年，江西省与景德镇市有关部门召开技术鉴定会，青花影青餐具获得参加技术鉴定会的领导和专家的一致好评，认为"该产品运用现代技术发展传统产品，将传统青花和影青刻花的装饰手法结合在一起，具有独创性，有独特的艺术效果，是升级换代生产的新产品，属国内首创"，并指出"该产品密切结合生产实际，适应多品种、大批量的要求"。

图 5-23　青花影青餐具

3．米卡沙荷口西餐具

1980 年，美国米卡沙公司向宇宙瓷厂定制 1 000 套 45 头高档成套日用瓷器，这种西餐具是仿照西方古代皇宫银质餐具样品设计的，碗、盘、杯、碟，甚至糖缸、奶盅、水壶都是荷叶形口沿，制作难度相当大，这套餐具被称为米卡沙荷口西餐具。

美方公司提出了很高的产品标准，但是宇宙瓷厂的制造设备基本上还是 20 世纪 50 年代的水平，刚刚开始制造时，遇到了很大的困难，投产 54 天，只完成 24% 的生产量，以此进度势必不能完成合同。工厂当即组织了技术攻关，协调了各个工序的关系，并且组织技术骨干到其他瓷厂学习，进一步明确了高档日用瓷器的质量标准。通过一轮的调整，产品质量缺陷率由 57.23% 下降到 40.7%，优质品率由原来的 10.51% 上升到 16.32%。此后又经过两轮调整，一级品率达到了 74.82%。历经三个月的生产，圆满地完成了任务。虽然是一次代加工的生产，但是却促进了工厂对高档日用瓷器标准的再思考，也进一步了解了国际市场对产品的需求和造型设计的趋势，加快了设计师对原有产品设计的升级换代。1984 年，长青牌荷叶形青花梧桐配套餐具就是在此基础上重新设计推出的产品。

图 5-24　米卡沙荷口西餐具

4. 金焰白丽菊餐盘

1981 年，金焰白丽菊花面获全国陶瓷美术设计评比一等奖，并获 1982 年景德镇市首届陶瓷美术"百花奖"评比优秀花纸设计单项奖。该产品使用 S 5063 花纸，使用丝网印刷工艺完成。设计师陈荣明，1963 年毕业于景德镇陶瓷学院美术系中专班，擅长陶瓷美术设计与邮票设计，1989 年被授予高级工艺美术师职称。自 1963 年起，先后在江西省景德镇市为民瓷厂、瓷用化工厂从事专业设计工作。

5. 兰叶菊餐具

这套餐具的设计通过造型上的变化与突破，使整套产品产生了动感，同时也产生了更加柔和的感觉。这是因为 20 世纪 80 年代以后，各个工厂开始大量使用由国外引进的各种先进制瓷设备，逐步替代了手工操作，能够更好地进行标准化、个性化的生产。这也为新的设计思路的实现提供了保障，为产品注入了新的竞争力。该产品采用 S 5104 花纸，用丝网印刷的工艺来实现，淡淡的纹样衬托着个性鲜明的波浪形线条造型，两者相得益彰。

图 5-25　金焰白丽菊餐盘

图 5-26　兰叶菊餐具

6. 大丽菊茶具

大丽菊的花瓣排列得十分整齐，自然奔放而富有浪漫色彩。大丽菊茶具所采用的黄色花朵图案色彩瑰丽、花形优美，被设计师用来做茶具的装饰显得特别有趣。

图 5-27　大丽菊茶具

图 5-28　篱边蔷薇咖啡具

7. 篱边蔷薇咖啡具

篱边蔷薇咖啡具的设计以蓝色色调营造出一种略带忧郁的风格，仿佛是在乡间细雨中绽放的蔷薇，小碎花的形态特别适合采用丝网印刷工艺。

8. 金桃茶具

金桃茶具以桃元素作为茶具纹样设计，由广东的陶瓷工厂生产。此套茶具的器形源自出口咖啡具的设计，其纹样设计也是比较西方化的风格，在国内市场很受欢迎。

图 5-29　金桃茶具

第六章 雕塑瓷器

第一节　对兽

一、历史背景

宋代是我国瓷业发展史上的一个繁荣时期。宋代景德镇陶瓷开始朝细腻工巧的方向发展。在陶瓷器皿的生产中，大量运用刻划、拍印、镂雕、堆塑等雕塑技艺。从这些工艺手法的运用来看，宋代景德镇陶瓷是造型与雕塑的结合体。从大量出土的皈依瓶、斗笠碗、奁盒、熏炉、壶、瓶等器物中，我们可以看到，雕塑手法的运用极为普遍。另外，像瓷枕、立俑、佛像、动物、花果等雕塑感较强的器物，更是体现了宋代陶瓷雕塑的特点。景德镇陶瓷在彩器未形成气候和大力发展之前，大量运用镂、捏、堆、刻、划、印等雕塑技艺作为装饰陶瓷的主要手段。

至清代，在明代手工业兴起的基础上，景德镇专门从事陶瓷雕塑生产的作坊和艺人越来越多，品种也越来越丰富，有观赏性的陈设瓷和小玩具，也有实用性的镂空熏炉和文房四宝。装饰性的器皿，如建筑楼宇雕塑和供奉祭祀雕塑等，多运用雕刻手法，题材也越来越广泛，既有历史故事、戏剧人物，也有飞禽走兽、瓜瓠花果、山水风物。但是，与宋代和元代景德镇陶瓷雕塑的理想化审美特点相比，清代的陶瓷雕塑则更注重愉悦心境的表述。清代之前，景德镇陶瓷雕塑不管是人物还是动物，都不刻意追求表现形象的真实感，也不刻意追求比例和解剖的精确，它的审美核心是"以形写神"；在艺术的表现手法方面注重挖掘传统，追求表现对象的内在美。然而，由于清代高超的制瓷技术，观念上逐渐转向追求陶瓷工艺美，以及追求技术的完善、精巧和外观的准确。这一时期出现的诸多像生瓷，如瓜果、植物以及仿竹木器、仿漆器等，都力求惟妙惟肖地表现对象，从而演化成玩赏性的工艺美术品。

中华人民共和国成立后，作为雕塑瓷器设计、生产主力军的景德镇雕塑瓷厂（以下简称"雕塑瓷厂"）在雕塑瓷的发展过程中占据了十分重要的位置。1956年，景德镇市陶瓷美术生产合作社、陶瓷雕塑合作社和试验瓷厂合并组成市工艺美术瓷厂，共有职工233人。当年产量2 406担，产值22.02万元，年利润3.4万元。按照市政府统一规划，在曹家岭金鸡山择址建造新厂房，并由国家投资40万元。随即厂部组织技术人员开展工业瓷模具替代铝模具试验。1957年，工业瓷模具替代金属模具试验项目取得成功，从此结束了我国模具依赖进口的局面，拓宽了工厂产品的覆盖范围。

1978年，雕塑瓷厂的蔡敬标创作的33寸（110 cm）《站鳌滴水观音》在广交

图6-1　《站鳌滴水观音》

图 6-2　20 世纪 80 年代雕塑瓷厂的大门

会上引起轰动。1984 年，电影《滴水观音》选用《站鳌滴水观音》作为主道具。电影在全国放映后，滴水观音类雕塑瓷器风靡全国，热度经久不衰，在雕塑瓷器生产史上实属罕见。

二、经典设计

景德镇远在隋代就生产过狮象大兽陶塑，之后品种不断增多，特别是动物雕塑技术日益精湛。自古以来人们就把狮子当作吉祥的灵兽。珐翠走对狮雕塑瓷器代表了消费者对吉祥、和谐的向往，也是产品设计人性化的追求。设计师十分明确地表示这是一件可批量生产的产品，主要作为日常装饰用。该产品的设计虽然源于清代狮子的造型，但丝毫没有烦琐之感，反而更具朝气和灵性。整体造型吸取了民间泥塑的团块造型手法，风格浑厚，细部塑造更注重写意，靠近头部的毛发用线条概括，身体表面则做光滑处理。

以同样的设计理念和工艺呈现的珐翠对锦鸡雕塑瓷器和珐翠对猫雕塑瓷器也是 20 世纪 60 年代至 80 年代中国对外贸易的代表性产品。

特别值得一提的是，这三种对兽所采用的釉是一种被称作珐翠的颜色釉，又名珐绿。它是一种葱翠艳丽的透蓝绿色釉，微流淌，釉面有鱼子碎纹。陈海澄所著的《景

图 6-3　珐翠走对狮雕塑瓷器

图 6-4　珐翠对锦鸡雕塑瓷器

图 6-5　珐翠对锦鸡雕塑瓷器局部

图 6-6　珐翠对猫雕塑瓷器

图 6-7　珐翠对猫雕塑瓷器局部

德镇瓷录》中记载了其操作的过程，"颜色釉由吹釉工在泥坯上吹釉完成"。由于
雕塑瓷厂通过研究重新确立了珐翠、三彩的现代工艺标准，因此与一般的颜色釉一
起写入了景德镇市地方标准中。

图 6-8　三彩对锦鸡雕塑瓷器

图 6-9　三彩对锦鸡雕塑瓷器局部

图 6-10 景德镇市地方标准《珐翠、三彩、颜色釉
雕塑瓷器》的封面

三、工艺技术

　　雕塑瓷器可塑成型法，又称印坯，或简称"雕塑复制"，是雕塑瓷器产品传统工艺方法之一。雕塑复制就是借助陶瓷原料的可塑性和石膏的吸水性，用模具复制坯件，经捏制配件、修坯、补水、干燥等工序，使之成为适合加工、烧成的成坯，生产出与原作品在器形规格和动态结构方面保持一致并充分体现设计者意图的若干件复制品。

　　雕塑复制的全过程都是手工操作，由生产者独立完成。因此要求生产者技术全面，除应掌握陶瓷工艺的基本知识、熟悉各工序操作要领、能捏裁各种配件外，还应具有一定的艺术文化素养和丰富的实践经验。

　　由于雕塑瓷器的工艺技术难度较高，因此对从业人员的要求更加苛刻，景德镇最早提出了行业的标准，并一直被严格地执行着，其中规定了雕塑雕刻工、雕塑雕刻设计工两大类人员具体的应知、应会的内容，每一级别的要求不同，级别越高，相应的要求也越高。

四、产品记忆

雕塑瓷厂主要的雕塑瓷器产品有传统人物、珍禽异兽、草虫花鸟、亭台楼阁等，最大约 1.6 m，最小约 2 cm，造型各异，规格齐全。20 世纪 50 年代，为了满足出口贸易的需求，曾对这一类产品的造型和制作工艺进行了改良，使之面貌焕然一新。走对狮产品长期销往东南亚、美国、欧洲等地，深受当地消费者的喜爱，是创汇的重要产品。同系列同工艺的产品还有站对鸭、站对鹦鹉、游水对鸭、站石对鸡、站石对凤凰和对猫等。

笔者在景德镇收集到的江西省陶瓷进出口公司印制的中英文景德镇出口瓷器产品样本中可以看到各种尺寸的产品，从丰富的产品中可以看出其海外市场受欢迎的程度。

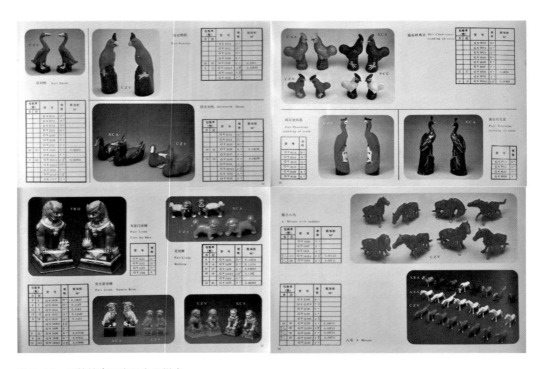

图 6-16　景德镇出口瓷器产品样本

五、系列产品

1. 珐翠站对鹦鹉
鹦鹉聪明伶俐的形象使得它成为雕塑瓷器的常见题材。

2. 颜色釉站石对鸡
鸡的题材在各种瓷器的表现上多有应用，而雕塑瓷器的应用则更加生动。

3. 珐翠天安门坐狮
天安门坐狮是雕塑瓷厂20世纪七八十年代生产的传统品种。中华人民共和国成立后，以狮子为题材的雕塑瓷器既有传统的，也有创新的；既有釉下青花、颜色釉，又有釉上粉彩、综合装饰。珐翠天安门坐狮、三彩天安门坐狮以其生动逼真、威武庄严的形象深受人们欢迎，在全国各地和东南亚，甚至欧美市场畅销不衰。

4. 珐翠八马
珐翠八马的单件产品尺寸都非常小，但是马的形态各异，放在一起陈列时十分

图 6-11　珐翠站对鹦鹉

图 6-12　颜色釉站石对鸡

图 6-13　珐翠天安门坐狮

图 6-14　三彩天安门坐狮

图 6-15　珐翠八马

生动。产品虽小，但是躯体结构造型一点也不含糊，肌肉、形态、神态都表现得十分贴切，因而受到市场的欢迎，成为出口产品中的常青树。除了用珐翠工艺制作之外，还有用白瓷、三彩、颜色釉工艺制作的八马产品。

第二节　《飞天天女散花》

一、历史背景

20 世纪 50 年代，景德镇组织了一批国宝级的民间艺人投入生产建设，在生活待遇和创作环境方面给予他们足够的关爱和重视，并组织他们前往北京、上海等地观摩学习，发挥他们的专业才能，培养新型的后续人才，研究开发符合时代要求的艺术作品。在此种精神的感召下，景德镇一些有名望的陶瓷雕塑艺人从私家作坊走进了研究机构和高等学府。另外，市政府集中了景德镇相关行业的个体作坊、美术社、雕塑社、试验厂，组建了行业性较强的雕塑瓷厂。这样，景德镇陶瓷雕塑形成了一

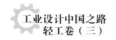

个集研究、教学、生产为一体的科学体系，为雕塑瓷器创作注入了勃勃生机。

在新的创作环境中，景德镇的陶瓷雕塑老艺人焕发了艺术青春。他们有的思想开明，不以名家自居，虚心好学，在传统雕塑技艺的基础上，善于接受新的雕塑创作观念和新的表达形式。值得一提的是，1956 年，"泥人张"第三代传人张景祜先生携徒弟郑于鹤来到景德镇，与景德镇老艺人曾龙升共同切磋技艺，历时两个多月，创作了"昭君和番"、"红线盗盒"、"将相和"、"苏武牧羊"、"木兰从军"和"林鲁会"等传统历史题材的戏曲人物雕塑。这对景德镇大力恢复传统民间陶瓷雕塑技艺起到很大的推动作用，同时也影响了后来逐渐成名的曾山东、何水根、蔡金标等民间艺人。20 世纪 50 年代中后期，一些有志于景德镇陶瓷雕塑事业的大学毕业生，放弃留校任教的优越条件，从中央美术学院等国内知名专业院校纷纷来到景德镇，开始陶瓷雕塑的教学生涯。他们的加入，给景德镇注入了新鲜的学术空气，带来了全新的审美意识。1958 年，当时的景德镇陶瓷学院设立了陶瓷雕塑专业，聘请老艺人蔡金台和洪爵煌担任传统雕塑创作和装饰课教师，同时迎来了中南美术专科学校毕业的尹一鹏、浙江美术学院毕业的毛龙汲教授西洋雕塑基础及创作课。从此，西方雕塑观念与中国传统雕塑技法在景德镇融为一体，并驾齐驱，互为能动地展开了景德镇陶瓷雕塑创作的新局面。

二、经典设计

敦煌位于我国甘肃省境内，那里的石窟和壁画是河西走廊上一颗灿烂的艺术明珠，也是中国伟大的传统艺术中最富有传奇色彩的艺术遗产。

《飞天天女散花》雕塑瓷的作者为刘远长，以下是他对于此作品设计的介绍。

"每当我看到敦煌壁画和敦煌彩塑的介绍时，总是赞叹不已。进行《飞天天女散花》雕塑瓷的创作构思已久，但正式动手还是在 1982 年 10 月，为配合赴美展瓷，我开始跃跃欲试了。在大量的素材中，我进行了构思，选择、综合、取舍……开始设计了一些草图，但总觉得不理想。强烈的创作欲望和民族自信心使我振作起来，重新翻阅资料，进行分析研究，琢磨飞天的造型规律。后来我进一步理解到，敦煌飞天的姿态生动、造型优美，关键是靠那些随风飘拂的飘带衬托。

"我开始重新捏，特别注意体态和飘带的连贯统一，追求大的线条和转折，使其流畅婉转，仿若迎风飘拂。经过几个回合，终于捏出来了一个满意的飞天天女形象，整体造型体态轻盈，有冉冉上升之感。"

《飞天天女散花》定稿以后，经过一个多月的艰苦塑造，泥稿完工了。由于造型较为复杂，而且悬浮凌空，因而必须采用印坯成型的方法。印坯必须首先分析模型，坯饼要上薄下厚，坯体下的支撑要根据造型和模型的情况而定，以纵支撑为主，横支撑为辅，纵横交错，互相牵制，就像建筑中的钢筋和支柱一样。不但如此，《飞

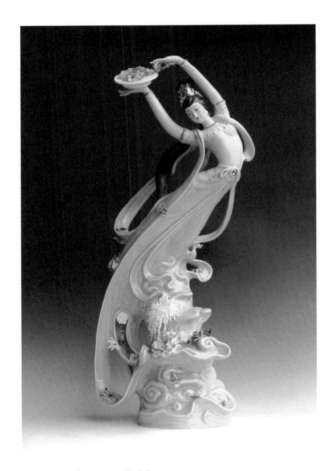

图 6-17　《飞天天女散花》

天天女散花》还在身体和云座的连接处加了一根横跨两边的悬支撑，把左面向内的压力传递到右面，使其不致变形。底座用了一块约 8 cm 厚的斧头形状的渣饼，保持重心的稳定。最后在没有外支撑的情况下，雕塑瓷被完美无缺地烧制出来，这的确是复制工艺上的一点突破。

以审美为主要功能的雕塑瓷创作，对于传统与现代民族心理的适度把握和探究是关键。在色彩的处理上，设计者打破了大红大绿的传统飞天色彩，而是彩素结合，既融入现代人的审美观念，又不失传统的风格；既有民族渊源要素，又有现代生活气息。这一切通过刘远长的再创作而表现得淋漓尽致。

三、产品记忆

刘远长在创作的过程中，特别注意表现姿态的回旋婉转，以及体态和飘带的连贯统一，动势较为强烈。在形象的塑造上，特别追求敦煌飞天那种文静典雅、含蓄内向的表情，眉线清晰，眼睛微张，鼻梁挺秀，嘴角微笑，体态丰满圆润，带有极强的装饰性。

刘远长回忆："其强烈飘拂的动势和文静内向的表情形成鲜明的对比，动中有静，静中有动，动静得宜。'高髻金冠'的发饰正是敦煌艺术形象的典型特点之一。在学习和继承敦煌艺术特点的同时，我也根据当今时代的要求和自己的感受以及雕塑瓷的特点，进行了一些新的尝试。因为敦煌飞天虽然有千姿百态，却没有一个可以直接借鉴的具体形象。设计要在一个有限的范围内表现无限的空间，还要在静止的形象上表现活动的姿态，这就需要大胆的设想。因此，在构图时，我抛开了一切具体的形象和资料，根据造型的需要，依靠自己的感受和想象进行再创造。虽然，构图为传统的 S 形，但我的确是根据动势的需要，随手捏成的。

"在工艺上，我有意结合了景德镇圆雕、捏雕和镂雕的综合表现手法，使其产生粗细对比，远看线条整齐，近看工艺细致。在色彩的处理上，也没有按照飞天的颜色进行大红大绿的装饰，而是按照瓷器的要求，飘带、裙子和云彩都用淡绿釉，上身和脸进行色面加彩，再点以宝石金珠，使彩中有素，素中有彩，局部艳丽华贵，总体清新淡雅。"

四、系列产品

1959 年，曾山东随父亲曾龙升创作大型雕塑瓷《天女散花》。这件为人民大会堂江西厅创作的作品以非常传统的手法，精妙地表现了天女美好娇艳的形象，受到

图 6-18　《天女散花》

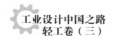

了时任中国美术家协会副主席蔡若虹、时任中央美术学院院长吴作人的高度评价，再次为景德镇的雕塑艺术增添了光彩。1980年，曾山东受命重塑《天女散花》，他在反复推敲构思的基础上，既保持了原作的特点，又有创新，呕心沥血地完成了这件作品，重新陈列到人民大会堂江西厅。之后，曾山东的艺术激情一发而不可收，创作了一大批传统题材的雕塑瓷，如《站凤观音》《关公》《童子拜观音》《罗汉喜子》《刘海戏蟾》《和合二仙》《孙悟空奋战天神》等大型雕塑瓷作品。这些作品或被国家著名博物馆收藏，或被选作国家礼品赠送给外国贵宾。他的作品《雷锋》在1964年全国美术作品展览中获奖；参与设计和创作的大型人物瓷组群《水浒108将》获1983年江西省景德镇市第二届陶瓷美术百花奖陈设瓷一等奖。《边防军》和《雷锋》两个作品的照片，先后被刊登于《人民日报》与《美术》杂志。后来，《雷锋》被中国美术馆收藏。他的作品《降龙仕女》和《三星》大批量投产后，取得了显著的经济效益。

第四节　其他产品

1.《站布袋五子罗汉》

何水根的作品《站布袋五子罗汉》在新加坡、中国澳门、中国香港、泰国、印度尼西亚等国家和地区的专业刊物发表，并全部被购买珍藏，为企业创造了较高的经济效益，为雕塑瓷厂创汇做出了突出贡献。何水根，出生于1925年，江西丰城人，高级工艺美术师，中国工艺美术学会高级会员，景德镇美术家协会、景德镇雕塑研究会会员。他早年师承陶瓷美术家曾龙升先生，长期在雕塑瓷厂苦研雕塑瓷器创作。他不仅注重技艺功力的表现，而且注重在作品中寄寓现代的审美情趣。在创作中从不勉强为之，十分注重艺术灵感对创作的驱动和激励作用，在灵感状态塑造形象，随形赋色，故其作品的艺术形象无不形神兼备，饶有情趣。雕塑作品塑、彩并重，做工精致，形神兼备，古雅大方。

图 6-19　《站布袋五子罗汉》

2. 《锦鸡玉兰》

《锦鸡玉兰》的作者聂乐春，1958 年毕业于景德镇陶瓷学院。他以创作花鸟雕塑为主，由于在塑造花鸟羽毛时运用了独特的捏雕技术，在景德镇被誉为"捏雕花鸟大王"。

3. 《鹿鹤同春》

《鹿鹤同春》的作者聂福寿，出生于 1963 年，为聂乐春之子。1979 年进入景德镇陶瓷学院深造。瓷雕作品《鹿鹤同春》获江西省美术作品展览一等奖，被景德镇陶瓷馆收藏。

图 6-20　《锦鸡玉兰》　　　　图 6-21　《鹿鹤同春》

4. 《披纱少女》

　　《披纱少女》创作的成功源于 1958 年从法国带回的一块精致的少女披纱瓷板，我国设计人员积极学习这种技法，以填补景德镇陶瓷雕塑技术上的空白。当时，年轻的周国桢自荐承担此项任务，他与工艺人员多方合作，终于创作并烧制成功以《红绸舞》瓷盘为标志的色釉披纱装饰作品。后来，《披纱少女》的作者何念琪独辟蹊径，创制了与真纱巾相仿的瓷质饰彩纱巾，并通过艺术与工艺的结合使小女孩天真活泼、甜美可爱的形象得以展现，被誉为一次超过世界艺术水准的成功创作。

5. 《养鹅》

　　李恭坤的作品多为表现特定的现实社会场景，具有显明的表述性。他的雕塑语言表达了他对于当代人与生存环境、文化历史的关系的深度关切，并通过他灵巧的双手表现出这些鲜活的形象，使作品具有极强的视觉震撼力。李恭坤 1958 年毕业于

图 6-22 《披纱少女》

图 6-23 《披纱少女》局部

图 6-24 《养鹅》

景德镇陶瓷学院，高级工艺美术师、江西省工艺美术大师，曾任景德镇雕塑瓷厂副总工艺美术师，注重"尚自然、少雕琢、巧寓意、忌直露"的艺术表现手法。

6.《摘葡萄》

李恭坤创作的《摘葡萄》人物上半身采用影青色釉，下半身采用红蓝花釉，色彩斑斓，动感十足。现代颜色釉艺术除了强调釉色外，还注意釉与雕塑造型的结合，为釉彩、综合工艺装饰、色釉雕塑等提供了更为丰富的表现手法。

图 6-25　《摘葡萄》

7.《飘起的彩带》

这件作品是刘远长工作室举办国际陶艺工作坊活动时，一位澳大利亚的年轻陶艺家以中国十二生肖中的蛇作为创意的作品。经过刘远长工作室的技术人员的帮助，形成了最后的成果。这位陶艺家没有受过中国传统的雕塑技能训练，具有西方雕塑形态塑造和处理的能力。这件作品在纹样装饰上既有民族图腾艺术的气息，又不乏现代主义设计的图形要素，正是这种矛盾的感觉给欣赏者带来了无穷的乐趣。

8.《峰》

这件作品以雕塑瓷为载体，将之雕塑成山石的造型，并在之上用粉彩做釉上彩绘制。作品最后呈现的综合效果是一个完整的整体，部分花面采用了吹釉的方法，使得整个花面更加朦胧，更有意境。作者刘远长具有博采众长的心态，加之长期的艺术实践积累、炉火纯青的技巧以及深远的意境构想，才造就了这样一件作品。

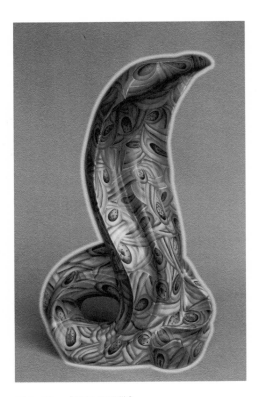

图 6-26　《飘起的彩带》

图 6-27　《峰》

9.《哈哈罗汉》和《知足常乐》

《哈哈罗汉》是刘远长 1981 年创作的作品。这件作品销量大，销售地域广。它
笑口常开，慈眉善目，开心的情绪感染着每一个人。

图 6-28　《哈哈罗汉》

具体在形象刻画方面，刘远长费尽思量。"哈哈罗汉"笑容可掬，并略微夸张。在雕塑语言表达方面，它的体积感很强，给人留下很深的印象。在衣纹的处理上，他也进行了反复斟酌。线条不能像传统技法那样实描，要简洁明快。颜色上采用了浅色调处理。衣服采用白纹片色，脸用淡褐色，并将不必要的色彩都省略掉，既色彩淡雅，又突出了人物形象特征。工艺上采用龙泉窑开片的工艺。这个作品虽然1981年就创作出来了，但还是几经修改才定型。最初的设计尺度比较小，之后定为40 cm并开了模具。

　　20世纪90年代中期，刘远长基于《哈哈罗汉》的基调和工艺又设计开发了《知足常乐》。其高度为60 cm，除了人物的形态、笑容依旧之外，给人印象特别深的是罗汉执珠的手势造型特别柔和生动。与《哈哈罗汉》大批量制造不同的是，这件作品采用高端定制的方式销售，共计制作26件。

图 6-29　《知足常乐》

第七章　高端定制瓷器

第一节　建国瓷

一、历史背景

1952年，时任中央人民政府政务院副总理兼中央文化教育委员会主任的郭沫若向周恩来总理提议制作建国瓷。同年，政务院机关事务管理局参事室下达由轻工业部组织承制建国瓷的任务。

为承制建国瓷项目，时任政务院副总理、轻工业部部长的黄炎培组织轻工业部制定了建国瓷设计与承制计划，拟分设计与制作两步骤以推进工作。

毕业于中央美术学院的张守智作为当年建国瓷设计工作的参与者曾经撰文回忆了工作的过程。轻工业部于1952年8月19日，委托中央美术学院负责进行建国瓷设计。8月21日，轻工业部致函中央美术学院"请延邀有关工艺美术专家成立建国瓷设计委员会代设计建国瓷图案"，其中写道："我部前向中央财经委员会建议为纪念新中国的诞生及推进中国陶瓷工业的发展起见，拟设计建国瓷……为事关工艺美术，关于设计工作，拟委托你院负责进行。至于设计原则我部提出下列初步意见，以供参考：（1）民族形式（能代表新中国的蓬勃气象，发扬创造出新的民族精神和风格）；（2）大众适用；（3）科学方法（美观耐用，易于制造，合乎经济原则，可大量生产）。关于设计组织，拟请你院邀请有关工艺美术专家成立委员会。"

经中央美术学院有关领导江丰、张仃等商议，1952年9月1日，中央美术学院为轻工业部初步拟订了《建国瓷设计委员会成立草案》，提出成立建国瓷设计委员会的意见："（一）名称：本会定名为'中央人民政府轻工业部建国瓷委员会设计委员会'。（二）组织：轻工业部建国瓷设计委员会。（三）设计委员会初步名单。"

1952 年 10 月 26 日，轻工业部正式成立建国瓷设计委员会，推选郑振铎为主任委员，江丰、张仃为副主任委员，郑可、祝大年、张仃、高庄、梅健鹰、陈万里、沈从文、钟灵为常务委员。同时组织设计工作室，下设设计、资料、总务三组。设计工作室借中央美术学院二楼 111 室为工作地点。

1953 年初，轻工业部派综合司处长艾志成、副处长田庄副、工程师姜思忠、技术员蔡德春和张静、地方工业司干部朱则尧等，同中央美术学院陶瓷科郑乃衡组成轻工业部先遣工作组赴景德镇，先就人力及原材料配备上做好准备工作，由已经选定的图案开始进行试制，随将初样寄往北京，加以研究修正，核定后再进行制作。本着由浅入深、逐步改进的原则，希望于当年国庆节前先制成一批。

二、经典设计

设计方面，在"三大设计原则"，即民族形式、大众适用、科学方法的指导下，提出了更加具体的工作方向，内容如下：

（1）尊重我国陶瓷业生产的固有传统，根据现有设备及技术条件，在原有基础上逐步改进。先以景德镇为试制重心，以后逐步推广经验，在其他产瓷地区进行试制。

（2）初步试制配合各级机关所定制的餐具（指政务院机关事务管理局为中南海怀仁堂和北京饭店、新侨饭店定制的国宴餐具）来进行。这样可以使试制工作结合实际需要，也就是使试制工作与生产紧密结合，以后逐步由定制整套瓷器转为人民大众日常使用的瓷器的试制，使礼品做到能充分表现我国瓷器的辉煌成就，而日常用品要求做到物美价廉。

（3）在形式上，器物的造型在适合实用的条件下力求能表现我国造型艺术上的雄伟、朴实的风格，装饰上则力求活泼、优美，并避免随便使用红星、镰刀、斧头等作为装饰及盲目仿古的倾向。

中央美术学院建国瓷设计工作室的主要工作分为两个阶段：第一阶段自 1952 年 11 月至 1953 年 2 月，开展建国瓷的设计与组织工作；第二阶段是 1953 年 3 月至

6 月的建国瓷试制阶段，于景德镇产区会同轻工业部派驻产区工作组与产区制瓷手工业生产相结合，进行建国瓷设计试制的监制工作。

建国瓷设计委员会还外聘北京国画社的陈大章、门荣华、翁珍庆等几位工笔画家，按照建国瓷设计方案，进行中餐具和西餐具配套器皿图纸的纹饰描绘工作。建国瓷中餐具设计本着"古为今用、洋为中用"的精神和继承与发展的方向，设计按照中南海怀仁堂举办国宴饮食与服务的适用要求和标准，去掉了旧式中餐华而不实的烦琐配套，吸收了西餐分食用餐、环保卫生、方便实惠等优点，对传统宴会旧式中餐具的配套组合结构进行了调整。例如，将桌面客位前每客个人用的正德式布碟从 7.6 cm 盘加大为 12.7 cm 盘，方便主人为宾客布菜；对部分相同功能的器皿，如中餐具的冷热菜盘类、深浅鱼盘类系列，对其中相近规格的器皿进行调整合并，让部分器皿一器多用，简化了餐具器皿的配套结构，既方便服务，便于用餐，又节省了餐后餐具的储存空间。对于建国瓷西餐具的配套结构与规格容量，参照当时北京饭店使用的成套进口酒店业用瓷西餐具制定的标准。在调查研究与听取国宴餐饮服务等方面建议的基础上，设计工作室提出了建国瓷中餐具（含酒具、茶具）和西餐具（含咖啡具）共 70 余种瓷器造型组合结构的方案。1953 年，建国瓷国宴餐具配套结构方案确立，为 1959 年中华人民共和国成立 10 周年人民大会堂国宴瓷中西餐组合配套多功能餐具的发展奠定了基础。

为提高建国瓷设计水平和制瓷工艺质量，国家调拨了故宫博物院部分明清瓷器样品，轻工业部综合司则采购与征集了部分古陶瓷样品作为设计和制作参考资料。主任委员郑振铎将个人珍藏的大英博物馆馆藏中国瓷器六大部书（绝版本）捐赠给设计委员会做设计参考。常务委员沈从文为设计提供了许多宫廷壁纸手绘散点折枝花图案资料，郑乃衡也为设计提供了传统清代粉彩系列散点花卉装饰。

建国瓷设计工作室自 1952 年 11 月至 1953 年 2 月完成了大量设计图纸。经过几番审稿、易稿，最终选定以祝大年为主设计的斗彩牡丹纹边饰中餐具和青花海棠纹边饰西餐具的国宴餐具设计方案，包括国宴餐具设计方案中的中西餐具全套器皿造型结构图。其中以碗盘类造型器皿结构为主的中餐具，碗、热菜盘类造型为传统正德式，凉菜盘类造型为折边式；以盘类器皿造型结构为主的西餐具，盘类造型为折边式。其中，中餐具造型品种包括：碗类（甜食碗、饭碗、面碗、汤碗、大汤碗），盘类（布碟，毛巾托碟，调味碟，冷菜盘，热菜盘，大、中、小号浅鱼盘与大、中号深鱼盘，高脚果盘），锅类（合器），勺类（汤匙、甜食匙、大汤勺），调味具（盐壶、胡椒壶、酱油壶、醋壶、辣椒罐），酒具（白酒壶、杯和黄酒壶、杯），茶具（壶与杯、碟），牙签筒及烟缸。西餐具造型品种包括：大吃盘、小吃盘、汤盘、双耳汤杯与托碟、长盘（大、中、小）、汤锅、素菜碗、沙拉斗、酸奶罐与托盘、蛋杯、调味具（胡椒壶与盐壶）、牙签筒、茶具（壶与杯、碟）、咖啡具（壶与杯、碟、奶杯、糖缸、马克咖啡杯与碟）。

　　设计经过委员会扩大评选会议评审通过后，黄炎培部长向政务院呈送了建国瓷设计（图纸）方案，请周总理审阅，并汇报了组织建国瓷的设计、方案评选、试制计划等工作。建国瓷国宴餐具产品结构与功能适用于庆典国宴的服务方式，整体设计表现出典雅、庄重、大方、朴实的风格。斗彩牡丹纹边饰中餐具和青花海棠纹边饰西餐具在继承我国饮食文化美食美器传统的基础上，展现了新中国的时代风貌。

图 7-1　建国瓷——斗彩牡丹纹边饰中餐具

图7-2　建国瓷——青花海棠纹边饰西餐具

三、工艺技术

在建国瓷试制阶段，初步选定图案后，由工程师祝大年携技术人员组织工作小组，赶赴景德镇，依靠地方熟练工人，先就劳动技术的组织和原材料的配备做好准备工作，从初步选定的图案开始进行试制。试制出来后，即将初样寄往北京评选，待选定后再大量制作。在制作过程中必须注意以下事项：

（1）精选原料。应尽力选择含铁量较少及含其他不纯物较少者。

（2）配料要掌握原料的物理性能、化学成分，使其能满足制作成品的要求。同时组织研究小组，依靠工人群众进行试验，并配合上海工业试验所进行研究，以期达到提高品质的目的。

（3）原料精制。在现有设备的基础上，加强淘炼工作，提高质量。

（4）成坯方面，要注意发挥工人的积极性。集体研究，依靠技工，创造合理化的操作方法，确保坯的厚薄标准、统一、适用。

（5）在坯胎施釉前，加强补水洗坯工作，使坯面平滑。

（6）研究装窑方法，在烧成过程中减少走样变形。

（7）烧窑应注意使窑火燃烧完全，利用还原焰。

（8）彩绘用料实行统一使料方法，由群众评选，结合每单位的优点，统一配料。

（9）成品出窑后，须先经选择，然后再精工打磨，加以整理。

建国瓷国宴餐具试制样品烧成后，景德镇市政府立即派专人将其送到轻工业部。建国瓷国宴餐具于1953年正式投产，第一批产瓷3万余件，从中精选7 000余件，由专车护送到北京。

四、产品记忆

从历史上来看，建国瓷的设计与监制是按照国家教育方针，首次实行设计教学与生产、专家与艺人相结合的教学实践。明确树立教学与生产相结合的目标，确立设计为人民生活服务、为消费者服务的理念，为当时的专业教学建设积累了经验，即便在今天来看也具有积极的意义。

有关建国瓷的设计与制造，1954年毕业于中央美术学院实用美术系陶瓷专业的金宝升回忆："中华人民共和国成立后，当时我正在中央美术学院上学，1952年开始设计建国瓷，这个项目就被纳入我们的课程。建国瓷本身并不复杂，但是它的影响却很深远。为了支持建国瓷的设计工作，故宫博物院给学校陶瓷专业提供了一大批清代优秀的陶瓷藏品。那时候，我们就在中央美术学院二楼111室工作，那个地方既是工作室也是宿舍，等于是在瓷器堆里过日子。经过了一段时间，我们就被派到景德镇去实习了，从这个陶瓷厂跑到那个陶瓷厂，主要就是看陶瓷的造型，看他们做出的成品跟图纸有多大的差距。我们学院陶瓷专业的学生，在造型功底上是过硬的。学校从一开始就抓造型的教育，打下了一个良好的基础。当时参加这个工作的还有很多人，比如我们系的蔡德春和郑乃衡，这两位老师代表轻工业部长期驻扎在景德镇。祝大年在建国瓷的工作中是一个主力，他的工作主要是设计。"

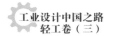
第二节　水点桃花餐具

一、历史背景

1975 年，江西省陶瓷工业科学研究所组织了 40 多位陶瓷工艺技术方面的专家和技工研发水点桃花餐具等系列产品，他们用江西抚州临川高岭土为原材料，经过三个月的反复试验，终于在 1975 年 8 月 31 日烧制成功。

1975 年 5 月 25 日至 1975 年 8 月 31 日，江西省陶瓷工业科学研究所共烧出瓷器 22 窑，生产瓷器共计 14 103 件，而实际成品仅为 4 200 件，成品率不足 30%。

江西省陶瓷工业科学研究所的原名为景德镇陶瓷实验研究所，于 1954 年 8 月成

图 7-3　20 世纪 80 年代的轻工业部陶瓷工业科学研究所

立。1957 年 6 月划归省辖，更名为江西省轻工业厅陶瓷研究所。1965 年 2 月，轻工业部上海硅酸盐研究所陶瓷室并入，更名为第一轻工业部陶瓷工业研究所。1968 年 12 月撤销。1972 年恢复，由江西省管理，更名为江西省陶瓷工业科学研究所。1978 年被轻工业部收回，重更名为轻工业部陶瓷工业科学研究所。1980 年，所内成立全国日用陶瓷科研、情报、检测标准三个中心。1999 年，国家科研院所改革时并入景德镇陶瓷学院，但仍保持独立法人地位。2000 年更名为中国轻工业陶瓷研究所。

二、经典设计

在展开具体的设计、制作工作前，由江西省陶瓷工业科学研究所领导班子决定了相关的设计策略和花面设计，也就是装饰纹样设计。水点桃花餐具采用半薄胎高白釉，要求做到通体晶莹剔透，洁白如玉；用手指轻轻敲击，其声应清脆悦耳；在光线照射下，器壁应呈半透明状。该产品具有永不褪色的特点，材料不含铅、镉等有害物质，耐酸碱。该产品是在 1 390 ～ 1 400 ℃的高温下烧成的，还具有耐温差的特点。

在造型设计方面，以明代正德官窑的器形为蓝本，着重取其华美而端庄、秀丽而稳重的风采。装饰纹样除了桃花，还选用梅花、芙蓉花作为主要元素。在釉上花面设计中，设计人员曾提出多种方案，最后决定采用刘平和徐亚凤设计的水点桃花

图 7-4　水点桃花餐具

图 7-5　水点桃花茶杯

图 7-6　水点桃花 8 头带托盘茶具

图 7-7　水点桃花 9 头腰鼓咖啡具

图 7-8 水点桃花 11 头花鸟酒具

花面。水点桃花是刘平之父、已故的陶瓷美术家刘雨岑先生创造的一种装饰技法。他以此技法创作的水点桃花作品，以其清新的艺术效果深受人们喜爱。刘平设计的水点桃花花面，先用"玻璃白"点染花瓣，画出花形（不用勾勒花头轮廓线），再用水调颜料，在"玻璃白"上进行第二次点染，下笔要准确、轻捷，以表现花朵娇嫩的效果。

　　釉下花面设计最终选中了工人出身的彭兆贤直接在坯上设计的红梅图稿。为使梅花图案效果更佳，在釉下组人员的帮助改进下，在折技梅旁加了几片青翠的竹叶，梅树枝干也分出了层次，使人感觉更加艳丽。

图 7-9 水点桃花 3 头温酒具

图 7-10　水点梅花 68 头餐具

图 7-11　水点梅花 6 头文具

图 7-12　水点梅花 15 头金钟咖啡具

图 7-13 水点梅花 11 头酒具

花面的正式绘制采用流水作业，把水点程序按步骤划分为：拍图、点"玻璃白"、点洋红、画枝干、画叶、点托、点蕊、填色、贴底款、烤花等。

在釉下彩制作中，有一种碗需要双面对花，就是在碗外画什么，碗内也要画什么，而且碗内、外要重叠一致，不能有丝毫位移。如果重叠不一致，烧成后在光线下一照就会出现重影。釉下彩是在坯体上加彩，坯体不透明，所以很难对准位置，加彩

图 7-14 芙蓉花双面对花碗

时难度很大。工作人员戴荣华和张彬两人想出了一个方法，即用小竹片做成三角形的架，固定到坯体上打墨线，然后再根据墨线来加彩，重影问题才得以解决。双面对花碗画的是芙蓉花，有"芙蓉国里尽朝晖"之意，为瓷器赋予了诗意。

这批瓷器无其他落款形式，全部为端庄工整的"景德镇制"两行四字篆书题款，题款由名匠用小笔写成，字里行间透露出优雅和秀逸。

三、工艺技术

工艺路线与造型花面确定后，下一步该集中力量抓原料和坯釉配方了。坯釉方面的行家、技术室主任蔡昌书进驻原料车间进一步调整完善高白釉瓷的坯釉配方。

配方确定后，立即组织工人师傅生产。按景德镇陶瓷生产"坐原料""带成型""抓烧炼"的传统规律，首先将重点放在了坯釉料制备这个龙头上。原料车间技术小组经过研究后，确定高白釉料进球磨机后，实际球磨时间为 80 ～ 86 小时。球磨好的釉料过三次万孔筛，过三次除铁器。坯料实际球磨时间为 60 ～ 66 小时，然后过三次 180 目筛，过三次除铁器。为增加可塑性，便于成型，原料要求陈腐 10 ～ 15 天。

这批瓷器的成型全部采用手工制作，因而动员了成型车间的全部能工巧匠。成型车间是日用陶瓷生产中工序最多的一个车间，以手工制作为例，仅大的工序就有拉坯、利坯、烘坯、上釉、镟接和装坯，小的工序就更多了。而且这批瓷器有 30 多个品种，有的品种还由多个部件组成。

成型师傅们夜以继日地赶制，很快就集中到了一定数量的坯体，并马上装坯，交给烧炼车间进行装匣满窑烧成。这次烧成中的最大问题是匣钵，因为烧成温度定为 1 390 ～ 1 400 ℃，而当时景德镇还没有能耐如此高温的匣钵。于是，江西省陶瓷工业科学研究所一方面布置技术室耐火材料组进行攻关，另一方面安排人手到景德镇匣钵厂定做高铝匣钵。匣钵制成了，但在烧成过程中依然耐受不了 1 390 ℃ 以上的高温。后来通过将温度烧到 1 380 ℃，然后再延长 1 小时的保温时间的方法解决了问题，熄火冷却后，一根匣柱未倒，且瓷器釉面也很好，终于解决了烧成问题。

图 7-15　水点梅花茶杯

　　为保证产品的质量，从组织生产开始，检测人员就对产品的各项质量指标进行及时的检测。当第一批高白釉瓷烧成后，检测人员发现，这批产品的热稳定性不够理想，绝大多数在 175 ℃时会开裂。瓷器的热稳定性，就是当瓷器加热到一定温度后迅速放入 20 ℃水中而不裂的承受能力，是表明瓷器使用寿命的重要技术指标。为此安排了卢瑞清、潘芷孙和李佑芝三人小组进行攻关，要求他们务必使热稳定性提高到 200 ℃以上。攻关小组接受任务后，一方面加强了检测，另一方面进行大量的对比分析，查找原因，研究对策。他们对影响瓷器热稳定性的各种因素进行分析研究，在做了大量对比试验的基础上，发现较薄的釉层和釉中均匀分布的细小石英，对热稳定性有较好的促进作用，最终解决了这一问题。

四、产品记忆

　　杨火印为当时水点桃花餐具项目的负责人，时任江西省陶瓷工业科学研究所副所长，以下是他的回忆：

　　"1975 年初夏，江西省、景德镇市有关领导来到我所，布置这项工作任务。省委和市委选定江西省陶瓷工业科学研究所完成此项任务是有道理的。因为第一，所里的技术力量、艺术力量和手工制作力量雄厚。第二，早在 20 世纪 50 年代，就集中力量试验研究，恢复总结了数十种已经失传或濒临失传的珍贵陶瓷品种和技法。

图 7-16　水仙花 36 头餐具

第三，在提高景德镇日用陶瓷产品质量方面做过大量基础性的研究工作，积累了相当丰富的制瓷经验。第四，经常接受外交部礼品瓷、驻外使馆用瓷和中央其他高档用瓷的订货任务，其研制和创作的作品精美、技艺精湛。以上这些都为完成此次研制生产任务创造了十分有利的条件，打下了扎实的基础。

"基于上述认识，所里的领导班子统一了思想，增强了信心，认为一定能够圆满地完成此项任务。关于工艺路线，经过讨论，一致认为走高白釉路线是上策。第一，景德镇瓷器的一大特点是白里泛青，素以白如玉著称。第二，我所在提高日用瓷胎、釉白度方面做过大量的试验研究工作，积累了许多经验和数据。第三，我所现有一批技术过硬的手工制作高白釉瓷的技术人员和在全市有名的艺术创作人员。第四，高白釉瓷洁白如玉，给人高雅纯洁之感。"

五、系列产品

系列产品主要作为水点桃花餐具的备用品或者某一次专题宴请之用，也是为了使这一系列产品更加丰富，因此在花面的风格设计、工艺技术上与水点桃花餐具完全一致。餐具、茶具和酒具采用水仙花题材，用釉上工艺制成，另外还专门设计制作了一套以芙蓉花为题材的青花餐具。为了装饰环境，还特别设计了一些陈设瓷器，

图 7-17　水仙花带碟胜利杯

在造型设计上力求简洁、稳重，以芙蓉花、蝶恋花为题材，采用青花釉下工艺制成，整体感觉十分素净、高雅。

图 7-18　水仙花 11 头酒具

图 7-19　青花芙蓉花 9 头茶具

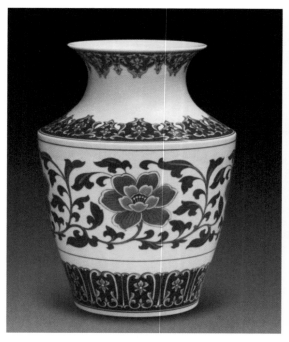

图 7-20　青花芙蓉花花瓶

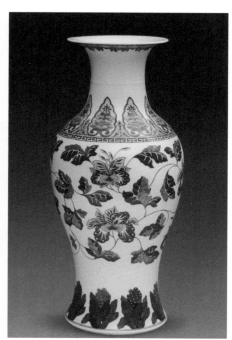

图 7-21　青花蝶恋花鱼尾瓶

第三节　其他产品

一、APEC会议用瓷

　　2014 年 11 月 11 日，亚太经合组织第二十二次领导人非正式会议（以下简称"APEC 会议"）在北京隆重召开。该会议对亚太地区乃至全球经济格局产生了重大的影响，因此备受国内外舆论的关注。会议上各经济体领导人所穿着的服装，不同宴会上所使用的瓷器也引起了各界关注。在会议期间，在三个不同场合的宴会中使用了三套设计风格迥异的瓷器，这些瓷器被赋予了特殊的符号意义。

　　此次 APEC 会议中所使用的三套瓷器，分别由江苏高淳陶瓷股份有限公司、山东淄博华光陶瓷科技文化有限公司和江西景德镇汉光陶瓷有限公司承接设计和生产。三家公司在设计方案定稿前反复斟酌，以求设计从器物造型到装饰都符合宴会的要求，同时又契合特殊的用餐环境和氛围。宴会所使用的瓷器按功能分为餐具、茶具、咖啡具、酒具和杂件，共五类。餐具中的盘类器物是用餐中使用最频繁的盛器，设计师根据不同的菜肴设计多款造型的餐盘，以丰富餐具整体的美感。

　　展盘是一直放置在用餐者面前的垫盘，也称看盘，其装饰花面的设计极为重要。茶具、咖啡具、酒具在设计时，会根据用餐的要求做体量上的调整，以适应单人用和多人用的不同需求。餐具中的杂件，例如，勺筷架、毛巾碟、调料壶等器物，虽体量较小，却是设计师们颇费心思、精心设计的重点。

　　此次 APEC 会议中所使用的三套瓷器分别为万福攸同系列、国彩天姿系列和金秋颐和系列。

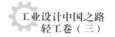

1. 万福攸同系列

万福攸同系列用于 2014 年 11 月 10 日的 APEC 会议欢迎晚宴中，用餐地点是奥运会场馆水立方，由江苏高淳陶瓷股份有限公司特聘设计师、中央美术学院城市学院陶瓷工作室主任黄春茂领衔设计，江苏高淳陶瓷股份有限公司青年设计师庄志诚参与装饰纹样的深化设计。该设计以《诗经》中的诗句"和鸾雍雍，万福攸同"为意象。设计师庄志诚这样解释道："和鸾是车马上的铃铛，在设计的主体纹样中为磬纹，宝磬是礼乐之器，有祝福之意。和鸾雍雍，万福攸同。宾客至，同多福。"

欢迎晚宴分设贵宾桌与嘉宾桌。贵宾桌瓷器以帝王黄为主色调，每人需用器物 68 件。嘉宾桌瓷器以银白色为主色调，每人需用器物 63 件。该系列瓷器的造型设计有如下特点：（1）部分餐具杂件，例如，毛巾碟、勺筷架、调料壶托碟在造型设计上采用了卷云形——如意柄端的常用形状，隐喻吉祥如意。（2）茶具和咖啡具设计成瓜棱形，菜盘采用了圆形、矩形、花瓣形等多款样式，丰富了餐具整体呈现出来的形式感。（3）通过增加器物高度、器物数量，创造一种视觉上的仪式感。例如，勺筷架、调料壶托碟在造型设计上都特别增加了器物的厚度。带盖汤盅，在设计上增加了两件起托盘作用的器物，由里外四件独立的器物组合而成。层层叠加的汤盅放置于用餐者面前时，会呈现出隆重的仪式感。器物装饰采用中国清代官窑粉彩瓷

图 7-22　万福攸同系列汤盅及小盘

图 7-23　万福攸同系列展盘和冷菜盖

器上的典型图案，如莲花、牡丹缠枝纹、磬纹等传统纹样，并以釉上珐琅彩贴花工艺制作而成。该工艺是由江苏高淳陶瓷股份有限公司的技术人员研制出来的一种新型的釉上贴花装饰工艺，力求再现清代珐琅彩、粉彩的装饰效果。传统的珐琅彩、粉彩为釉上手工绘制而成，因在装饰图形上打了一层"玻璃白"的粉料，再在粉料之上进行颜料的渲染，烧成后的图形有凹凸的浮雕效果，且色彩渲染柔和细腻。釉上珐琅彩贴花纸在烧成后呈类似于传统珐琅彩、粉彩的浮雕效果，丰富了陶瓷釉上贴花的视觉效果。万福攸同系列的最大特色在于釉上珐琅彩贴花工艺的运用，它将

图 7-24　万福攸同系列醋壶、酱壶及托碟

图 7-25　万福攸同系列糖缸

传统的珐琅彩、粉彩的华美装饰效果以现代的贴花工艺加以实现，并运用于批量化的产品生产之中。

2. 国彩天姿系列

国彩天姿系列用于 2014 年 11 月 11 日中午在北京雁栖湖所举办的宴会，由山东淄博华光陶瓷科技文化有限公司设计总监、中国陶瓷工艺美术大师何岩领衔设计。设计以斗彩为器物装饰的基调，使器物上明艳丰富的色彩与素雅的宴会大厅形成对

图 7-26　国彩天姿系列展盘和冷菜盖

图 7-27　国彩天姿系列酒壶、奶杯和两种汤盅

比，同时营造出繁花似锦的意象。该系列每套共 54 件单品。器形设计线条柔美，器物构件精细入微，整体透出一种端庄、温雅的气质。装饰则力求以全新的设计和制作工艺演绎中国传统陶瓷经典的斗彩之美。国彩天姿的花面设计具有雍正时期斗彩艳丽清逸的意蕴，装饰纹样整体以蓝色勾线，后以 12 种不同的颜色填染。纹饰中有寓意富贵繁荣的牡丹花、圣洁清净的莲花、百年好合的百合花、清雅高贵的玉兰花、吉祥安康的西番莲和灿烂绽放的大丽花，共六种花卉。设计师将这些经典的花卉图案进行了改良，以斗彩的装饰手法勾勒、填染出枝藤缠绕、繁花似锦的花面，构成了此套瓷器的设计特色。

图 7-28　国彩天姿系列咖啡杯、米饭碗、托碟和茶壶

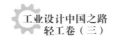

3. 金秋颐和系列

金秋颐和系列用于 2014 年 11 月 11 日中午在北京颐和安缦酒店举行的宴会，由江西景德镇汉光陶瓷有限公司董事长、中国工艺美术大师李游宇亲自参与设计。该套瓷器的设计以瓷器本身的洁白质地为主调，局部辅以黄金色调，力求营造出颐和园中金秋盛景的意象。每套包括 37 件单品，器物的造型整体呈圆融饱满、端庄浑厚的形态。器物的底足、把手（或双耳）、盖、盖纽、壶嘴等造型构件的设计极为严谨。其中汤锅的器形参考了我国古代鼎的器形，三个小足托起了圆融的汤锅，双耳呈相对的凤首状，汤锅盖纽宛如水中央两只俯首耳语的凤凰。设计师将凤凰的形象作为重要的装饰元素，反复运用在局部造型的设计中。器物的把手、勺子、勺架等形态，都隐约蕴含着凤凰的形象。为了彰显瓷器白与纯的基本特质，餐具的装饰并没有以釉下彩为主调，而是饰以黄金色的浅浮雕，再以釉下彩做局部点缀。浮雕图案为典型的中国传统纹样——凤纹、龙纹和祥云纹，浮雕装饰层次分明。器物局部辅以釉下彩绘制的花卉，柔和典雅。展盘中央的佛香阁景色也以釉下彩工艺绘制，尽显苍松翠柏掩映下的美景。全套瓷器以景德镇传统制瓷的手工工艺制作，材质、工艺、装饰等方面都体现了景德镇制瓷的高超技艺。

图 7-29　金秋颐和系列餐具

南京艺术学院设计学院的蒋炎博士在《美术与设计》杂志以《国宴用瓷与国家形象——从 2014 APEC 国宴用瓷设计所引发的思考》一文指出：国宴用瓷是国家重要活动中所呈现的一种特殊的艺术形式，与我们日常生活用器相比，具有更复杂的设计语义，它们是体现国家形象的特殊符号。国宴用瓷的设计所呈现出来的精神意蕴、艺术格调可以说是一个国家自我认知的视觉表达。

将这三套在不同场合使用的国宴用瓷放在一起加以赏析时，可以发现它们各自的设计语义和设计特点的差异。万福攸同系列以瓜棱形的茶具、咖啡具以及杂件用器的造型设计为重点，突出如意的概念和用器整体呈现的仪式感。器物装饰以清代粉彩瓷器上的纹样为范本，加以变化组合，以釉上珐琅彩贴花工艺的应用力图再现清代官窑御用瓷器的华美。国彩天姿系列的设计亦以装饰取胜。设计师在花面的设计中追求中国传统斗彩装饰的审美效果，力求营造清雅秀丽的气质。金秋颐和系列的设计在意境的表现上独树一帜，整体虽为白瓷，没有进行满装饰，但局部的黄金色浅浮雕的调性表现出社会繁荣、气象万千的盛世景象。器物的造型设计有大唐风韵，端庄圆融，还流露着点点的异域风情，金碧辉煌的盛世景象都浓缩于器物的方寸之间。

二、G20峰会专用瓷

2016 年 9 月 4 日至 5 日，G20 峰会在浙江杭州举行。三次宴会上分别使用了三套不同风格的餐具，分别为西湖韵系列、国色天香系列和繁华盛世系列。三套国宴用瓷的生产商是来自杭州的浙江楠宋瓷业有限公司。国宴瓷器造型总顾问是清华大学美术学院教授张守智，国宴瓷器花面总顾问是中国工艺美术大师嵇锡贵。嵇锡贵是杭州的手工艺大师，是国家级非物质文化遗产越窑青瓷烧制技艺代表性传承人。

浙江楠宋瓷业有限公司从 2015 年 5 月开始设计 G20 峰会餐具，直至 12 月才定型，并最终在 2016 年 6 月底被选定为国宴用瓷。一共生产了 370 套，于 9 月 4 日的欢迎晚宴上使用了 300 套左右。西湖元素、江南韵味、浙江特色、大国风度、世界大同

图 7-30　西湖韵系列茶具

是三套餐具的核心理念。

西湖韵系列的花面，将雷峰夕照、三潭印月、苏堤春晓等西湖十景融汇其中，以浙派水墨山水的技法、工笔带写意的笔触创造、淡彩国画的表现手法，共同表现西湖的山水胜景。而餐具的纹样和造型，以江南的标志性景观和核心文化为设计元素，在传承古法工艺的基础上，结合现代贴花工艺，古今交融、中西合璧。

国色天香系列被用在了 9 月 5 日杭州国际博览中心的双边会谈午宴上。国色天

图 7-31　西湖韵系列餐盘和冷菜盖

图 7-32　西湖韵系列花面设计手稿

香系列以牡丹为主，以普通花色为辅，采用传统青花玲珑的画法进行勾勒。蓝色散发着浓郁的艺术和人文气息，象征着生生不息、波澜壮阔和放眼天下的气派。白瓷、

图 7-33　国色天香系列餐具

图 7-34　国色天香系列餐盘和冷菜盖

青花、圆器，是元代和明代以来中国瓷器给人们最深刻的印象。这套瓷器色彩的选取以温婉、典雅的蓝色为主，也就是青花瓷上的蓝。国色天香系列中的"国色"即指这种沉静平和的蓝色，"天香"则是指有着中国国花地位的牡丹。用娴熟的青花分水技法描绘的牡丹形似元宝，与 G20 峰会齐商经济发展大计的主题相呼应。

　　繁华盛世，繁花盛开。各类花卉绚烂绽放在细腻、透亮的中国瓷器之上，彰显了世界大同之意。繁华盛世系列以金色长城花纹为边饰，青花斗珐琅釉下彩是这套瓷器惊艳四座的独特技术，将杭州韵味与中国气势表现得淋漓尽致。

　　嵇锡贵坦言，作为花面设计师，她最喜欢的是繁华盛世系列。瓷器主要图案是

图 7-35　繁华盛世系列餐具之一

图 7-36　繁华盛世系列餐具之二

图 7-37　繁华盛世系列花面设计手稿

代表各国的花卉。对于中国瓷器装饰而言，花卉是一种重要的装饰图案。无论是刻花、印花、贴花，还是以青花料白描、粉彩点染，中国传统瓷器的装饰主题大多是各种花卉。从唐草、忍冬、扁菊、蕉叶，到牡丹、莲花、冰梅，各类花卉为中国陶瓷增添了华贵与绚烂。为 G20 峰会设计的繁华盛世系列瓷器装饰，嵇锡贵采用能够代表与会各国的花卉入画：牡丹代表中国，向日葵代表俄罗斯，鸢尾花代表法国，雏菊代表意大利，木槿花代表韩国，玫瑰代表美国……对应着 20 个参会国家的风情，揭示出天下大同的理念。

对于这套瓷器，嵇锡贵还说："它的边缘是金色长城花纹，长城是中国的标志……因浙江以青花瓷为主，比如龙泉青瓷、越窑青瓷等，所以我以青底代表浙江特色。"繁华盛世系列中还包含一件三潭印月开窗酒壶，嵇锡贵这样介绍这件酒壶："酒壶开窗的一面是从北山麓往南山麓看，有苏堤、雷峰塔，还有桂花；另一面是从南山麓往北山麓看，是白堤、断桥、保俶山、保俶塔。荷花以及桂花有以和为贵的含义，表达对世界和平的寄望。"对于 G20 峰会这样致力于世界经济增长的重要活动来说，这套瓷器也展现出一种美好的愿景。

图 7-38　G20 峰会专用瓷花面总顾问嵇锡贵在工作中

参考文献

[1] 广东汕头陶瓷出口公司瓷器花纸厂.陶瓷釉上彩贴花纸的生产经验 [M].北京：中国轻工业出版社，1959.

[2] 景德镇市广播电影电视局，景德镇十大瓷厂陶瓷博物馆，景德镇龙凤陶瓷文化发展有限公司.景德镇
     十大瓷厂 [M].景德镇：景德镇陶瓷杂志社，2010.

[3] 佛山市档案局，佛山市地方志办公室编.佛山陶瓷纵览 [M].广州：广东人民出版社，2010.

[4] 郑年胜，刘杨.景德镇陶瓷艺术精品鉴赏：颜色釉、陶瓷雕塑、现代陶艺 [M].上海书画出版社，2002.

[5] 郑年胜，刘杨.景德镇陶瓷艺术精品鉴赏：五彩、新彩、综合装饰 [M].上海书画出版社，2002.

[6] 郑年胜，刘杨.景德镇陶瓷艺术精品鉴赏：青花、釉里红、斗彩 [M].上海书画出版社，2002.

[7] 王升虎.东方陶瓷技术美学 [M].南昌：江西美术出版社，2012.

[8] 杨永善.中国传统工艺全集：陶瓷 [M].郑州：大象出版社，2005.

[9] 李家治.中国科学技术史：陶瓷卷 [M].北京：科学出版社，1998.

[10] 李雨苍，李兵.日用陶瓷造型设计：修订版 [M].中国轻工业出版社，2000.

[11] 杨永善.中国传统工艺全集：陶瓷（续）[M].郑州：大象出版社，2007.

[12] 马晓暐，余春明.华园薰风西海岸：从外销瓷看中国园林的欧洲影响 [M].北京：中国建筑工业出版社，
     2013.

[13] 余春明.中国瓷器欧洲范儿：南昌大学博物馆馆藏中国清代外销瓷 [M].北京：生活·读书·新知三
     联书店，2014.

[14] 刘清云.包装装潢随谈 [J].景德镇陶瓷，1986(1):15–16.

[15] 刘远长.瓷雕"飞天天女散花"创作感想 [J].景德镇陶瓷，1983(1):50–51.

[16] 杨永善.从明清两代瓷器造型谈起 [J].景德镇陶瓷，1983(4):33–36.

[17] 孙本礼.谈景瓷外销历千年而不衰 [J].景德镇陶瓷，1984(3):48–49.

[18] 余雪梅.雕塑瓷加彩装饰的特色 [J].景德镇陶瓷，1983(1):55–56.

[19] 秦锡麟.对美细瓷餐具设计的体会 [J].景德镇陶瓷，1981(2):48–50.

[20] 王安维.对新加坡陶瓷市场的调查及分析 [J].景德镇陶瓷，1995(2):26–27.

[21] 黄云鹏.粉彩及其产生与发展 [J].景德镇陶瓷，1981(1):44–52.

[22] 胡光震.腐蚀金陶瓷贴花装饰设计初探 [J].景德镇陶瓷，1985(1):31–33, 35.

[23] 舒惠学.关于陶瓷艺术及市场的思考 [J].景德镇陶瓷，1994(1):51–54.

[24] 姚澄清，姚连红．广昌：古代景瓷外销的驿道 [J]．景德镇陶瓷，1995(2):50–52.

[25] 潘文锦．景德镇的青花 [J]．景德镇陶瓷，1973(1):17–23, 27.

[26] 王成之．景德镇陶瓷粉彩概述 [J]．景德镇陶瓷，1992(2):18–24.

[27] 李庆红，王达林．景德镇陶瓷工业年鉴：1998 年 [J]．景德镇陶瓷，2001(1):44–45.

[28] 刘杨，曹春生．传统的延伸和蜕变：景德镇现代陶艺发展评述 [J]．装饰，2002(9):59–61.

[29] 杨永善．可喜的进展 参观景德镇艺术瓷器展览 [J]．景德镇陶瓷，1985(1):60.

[30] 余传师，余兆华．玲珑生辉放异彩 清香餐具誉全球：荣获世界金奖的光明瓷厂玲珑瓷生产简况 [J]．景德镇陶瓷，1986(4):17–19.

[31] 陆如．略述四种茶具的更新 [J]．景德镇陶瓷，1983(4):37–38.

[32] 张松涛．略谈景德镇陶瓷的艺术性与适用性 [J]．景德镇陶瓷，1983(4):23–26.

[33] 熊汉中．美国市场上的陶瓷器形与装饰：赴美考察材料之一 [J]．景德镇陶瓷，1981(2):51–54, 59.

[34] 冯绍华．浅论功能陶瓷造型设计 [J]．景德镇陶瓷，1998(3):15–19.

[35] 傅国胜．浅谈传统陶瓷文化与民族陶瓷文化 [J]．景德镇陶瓷，1994(4):18–23.

[36] 钱龙钿．青花的绘工与技巧 [J]．景德镇陶瓷，1973(1):39–40.

[37] 卫明刚．日用瓷器色差缺陷的产生和防止 [J]．景德镇陶瓷，1995(4):11–14.

[38] 陈庆昌．概述日用陶瓷 "三率" 质监考核的抽样原则和监检方法 [J]．景德镇陶瓷，1992(2):57–60.

[39] 梁小平．生活需要与日用陶瓷 [J]．景德镇陶瓷，1998(2):42–44.

[40] 童松迎．试论龙纹在青花装饰中的效果和艺术处理 [J]．景德镇陶瓷，1994(2):31–33.

[41] 罗学正．试论欧美文化对景德镇陶瓷艺术的影响 [J]．景德镇陶瓷，1991(2):47–51.

[42] 彭荣新．谈谈陶瓷贴花纸装饰设计的工艺性 [J]．景德镇陶瓷，1985(1):25–26.

[43] 张伟忠．陶瓷贴花纸的几种制版方法 [J]．景德镇陶瓷，1985(1):27–28.

[44] 余锋．陶瓷与文学相联系的历程：在陶瓷雕塑方面 [J]．景德镇陶瓷，1999(2/3):49–55.

[45] 郎志谦．英国古老沃伯恩庄园内的 "景瓷" 珍藏 [J]．景德镇陶瓷，1994(1):59–60.

[46] 广东省大埔陶瓷研究所资料室．浅谈 116 直口碗器形与变形的关系 [J]．广东陶瓷，1977(1).

[47] 梅健鹰．色彩原理及其在陶瓷美术上的应用 [J]．广东陶瓷，1981(1).

[48] 詹喜光．浅谈陶瓷釉上贴花纸的设计与使用 [J]．广东陶瓷，1982(2).

[49] 金冈繁人.陶瓷器的积层结构与施彩技术 [J]. 广东陶瓷，1982(2).

[50] 潘灼荣.常见陶瓷器缺陷的修复方法 [J]. 广东陶瓷，1982(2).

[51] 范开沛，黄进.提高匣钵质量的探讨 [J]. 广东陶瓷，1983(1).

[52] 厦门大学经济系调查组.关于发展潮汕陶瓷生产与出口的几个问题 [J]. 广东陶瓷，1983(1).

[53] 冯克 J E. 瓷器最佳烧成曲线的制定 [J]. 广东陶瓷，1983(1).

[54] 王受之.西德日用陶瓷名厂罗森泰尔的设计方式 [J]. 广东陶瓷，1983(2).

[55] 白继兴.提高我陶瓷丝网花纸已成为当务之急 [J]. 广东陶瓷，1984(1).

[56] 童慧明.精湛的设计科学的管理：英国豪恩西陶瓷公司的发展 [J]. 广东陶瓷，1984(1).

[57] 陈景炎，忻元华.10½ 时平盘匣钵滚压成型 [J]. 广东陶瓷，1985(1).

[58] 塞尔，等.科学技术在近代英国餐具工业发展中的作用 [J]. 广东陶瓷，1985(1).

[59] 万山红.试论平盘凸凹底与坯体内应力的关系 [J]. 广东陶瓷，1985(2).

[60] 尹干.圆的组合与分割在陶瓷立体造型设计上的应用 [J]. 山东陶瓷，1982(2).

[61] 陈贻谟.陶瓷雕塑创作与花釉的运用 [J]. 中国陶瓷，1984(1).

[62] 徐衍祥.陶瓷丝网装饰的纹样设计 [J]. 山东陶瓷，1984(2).

[63] 张守智.山东日用陶瓷进入北京中南海紫光阁 [J]. 山东陶瓷，1985(1).

[64] 王可交.出口咖啡杯"裂把"原因分析 [J]. 山东陶瓷，1989(2).

[65] 任嗣薛.赴美国陶瓷市场考察汇报 [J]. 山东陶瓷，1989(2).

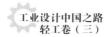

附录

世界设计与中国陶瓷设计发展谱系表

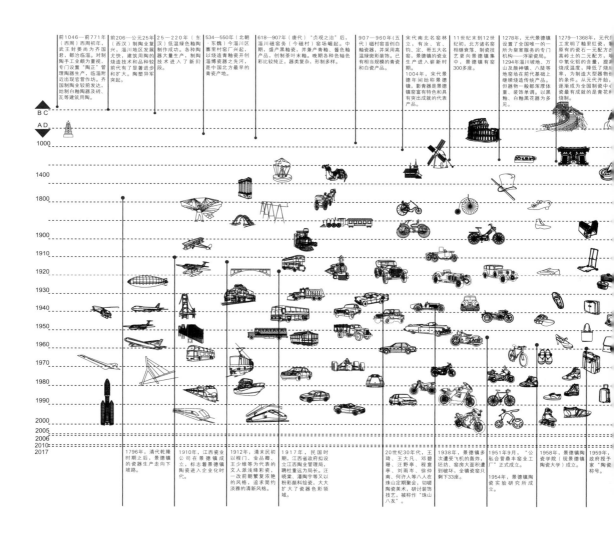

前1046—前771年（西周）西周初年，武王封姜尚为齐国君，都治临淄。对制陶手工业颇为重视，专门设置"陶正"管理陶器生产，临淄附近出现官营作坊。齐国制陶较前发达，始制白釉陶器及砖、瓦等建筑用陶。

前206—公元25年（西汉）制陶业复兴，淄川地区发展尤快，建筑用陶的烧造技术和品种较前代有了显著进步和扩大。陶塑异军突起。

25—220年（东汉）低温绿色釉陶制作成功。各种陶器大量生产，制陶技术进入了新阶段。

534—550年（北朝·东魏）今淄川区寨里村窑厂兴起，以烧造青釉瓷开创淄博瓷业之先河，是中国北方最早的青瓷产地。

618—907年（唐代）"贞观之治"后，淄川磁窑务（今磁村）窑场崛起。中期，盛产青釉瓷，并兼产青釉、酱色釉产品，创制茶叶末釉。晚期各种色釉色彩比较纯正，器类复杂，形制多样。

907—960年（五代）磁村窑首创白釉绿彩器，并创用高温绿斑彩装饰。已有相当规模的青瓷和白瓷产品。

宋代南北名窑林立，有汝、官、钧、定、哥五大名窑。景德镇的瓷业生产进入新新时期。
1004年间始称景德镇，影响是景德镇客青瓷有突出成就的代表产品。

11世纪末到12世纪初，北方诸名窑相继衰落。制瓷技艺更向景德镇集中，景德镇有窑300多座。

1278年，元代景德镇设置了全国唯一的所为皇廷服务的专门机构——浮梁瓷局。1294年淄川坡地，万山及颜神镇、八陡等地窑场在前代基础上继续烧造传统产品。但器物一般都浑厚体重、装饰浑浊。以黑釉、白釉黑花器为多见。

1279—1368年，元代工匠发明了釉里红瓷，原有的瓷石二元配方，提高岭土的二氧化铝的含量，提高烧成温度，降低了器物变形率，为制造大型器物创造了条件。从元代景德镇瓷最有成就的是青花和釉里红瓷烧制。

1796年，清代乾隆时期之后，景德镇的瓷器生产走向下坡路。

1910年，江西瓷业公司在景德镇成立，标志着景德镇陶瓷进入企业化时代。

1912年，清末民初以程门、金品卿、王少维等为代表的文人派浅绛彩瓷，一改前朝繁复浓艳的风格，追求简约淡雅的清新风格。

1917年，民国时期，江西省政府拟设立江西陶业管理局，聘杜重远为局长。汪晓棠、潘陶宇等又以粉彩颜料绘瓷，大大扩大了瓷器色彩领域。

20世纪30年代，王琦、王大凡、邓碧珊、汪野亭、程意亭、刘雨岑、徐仲南、何许人等八人在珠山定期聚会，切磋陶瓷美术、研讨装饰技艺，被称作"珠山八友"。

1938年，景德镇多次遭受飞机的轰炸，瓷房大面积遭到破坏，窑房大面积的十剩下33座。

1951年9月，"公私合营景鼎丰窑业工厂"正式成立。
1954年，景德镇陶瓷实验研究所成立。

1958年，景德镇陶瓷学院（现景德镇陶瓷大学）成立。

1959年，政府授予家"陶瓷"称号。

220

），明代洪武时期，开国皇帝朱元璋在德镇监选购皇家用瓷的基础上，钦命御，亦称"官窑"。明景德窑分为几个，以压手杯为最，釉以甜白为特原料用南洋输入的"苏泥勃青"，色胎青花是明代瓷器中优秀的品种，瓷和正德时期，以黄釉为特色。5）嘉靖民窑一度繁荣，嘉靖以葫芦瓶为主，万

1642年（明·崇祯）淄川大昆仑西山一带发现白釉石（白药石），此后颜种釉附近窑场用以制作白釉产品。

1644年，清代顺治时期的景德镇瓷器，青花素色呈宝石蓝，釉上五彩除常用几种色彩外，釉上蓝彩和墨彩烧制成功，斗彩的品种也比明代增多。

1676年，督陶官康熙在景德镇御窑厂15年，是景德镇御窑厂督陶时间最长，成绩卓著的督陶官。先后编写出《陶务叙略》《陶冶图说》《陶成纪事》《瓷务事宜示谕稿》等著作。

1680—1688年，驻景德镇御窑厂的郎廷极，在康熙四十三年至五十年的七年中，兼负景德镇督陶之责，突出成就是创制成功了很多名贵的新品种，如蛇皮绿、鳝鱼黄、古翠、黄斑点为佳。

1704—1711年，清康熙年间任江西巡抚的郎廷极，在康熙四十三年至五十年的七年中，兼负景德镇督陶之责，突出成就是郎窑红（也叫宝石红）的烧制成功，还有素三彩等。

1723年，雍正时期的青釉烧制达到历史上最成熟的阶段，此时以粉彩最负有成就，更为可贵的是创制成功了很多名贵的新品种，如颜脂水、碧玉釉等色釉，此时还有脱胎漆器，称为"四绝"。

1726年，年羹尧于雍正四年开始在景德镇兼管御窑厂务，此后10年官窑所产瓷器称为"年窑"，釉色发明甚多，以颜脂水釉最为著名，还有碧玉釉等色釉也很突出。

1753年（清·乾隆）博山陶瓷业空前兴旺，北岭、务店、山头、窑广、八陡、福山为当时七大窑场，产品各具特色，争奇斗艳，博山城内商旅辐至，已成为相当繁盛的陶瓷生产中心和销售中心。

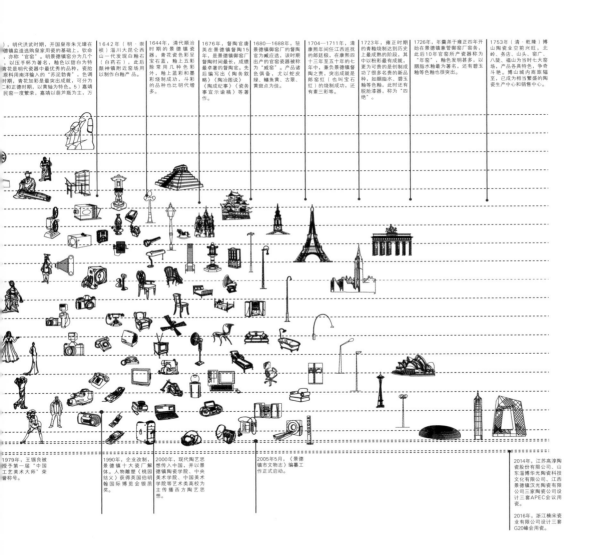

1979年，王锡良被授予第一届"中国工艺美术大师"荣誉称号。

1990年，企业改制，景德镇十大瓷厂解体。人物雕塑《桃园结义》获得英国伯明翰国际博览会银质奖。

2000年，现代陶艺思想传入中国，并以景德镇陶瓷学院、中央美术学院、中国美术学院等艺术类高校为主传播西方陶艺思想。

2005年5月，《景德镇市文物志》编纂工作正式启动。

2014年，江苏高淳陶瓷股份有限公司、山东淄博华光陶瓷科技文化有限公司、江西景德镇汉光陶瓷有限公司设计三套APEC会议用瓷。

2016年，浙江楠宋瓷业有限公司设计三套G20峰会用瓷。

后记

　　本卷内容的研究以及写作特别具有挑战性。中国陶瓷是被无数人从不同角度书写过的内容，有一些叙述和观点似乎已经成为定论。仔细查找文献可以发现其呈现出两种截然不同的学术旨趣：其一是将其作为一个纯粹的技术体系来研究，主要以物理、化学性能为依据进行分析、比对，由此构建一段发展史，是纯客观的研究成果；其二是由陶瓷艺术家、工艺师、艺术院校专业教师、工艺美术理论研究者等根据各自的实践总结的内容。陶瓷艺术家、工艺师大部分基于经验的研究成果，而后两者除了经验之外，更多地结合传统陶瓷考古的成果以及当时社会发展的特点来叙述，但是比较遗憾的是这些叙述基本上局限在清代以前，一小部分涉及民国时期，以后的各个时期的内容大多只是口口相传，特别是与日用品相关的瓷器设计与制造，往往被认为是粗货、厂货，因不具有艺术价值而被众多的研究者忽略，只有零星文字见诸一些专业杂志和地方志。更加令人遗憾的是，近 20 年来，中国各地的陶瓷工厂在体制上经历了巨大的变化，许多技术档案资料和历史上有价值的产品相继流失，曾经辉煌一时的中国日用瓷器生产只存在于一些亲历者的记忆中。

　　从 1998 年开始，我们以"走设计"的态度不间断地从景德镇开始走访各个陶瓷生产基地，不断地搜集各种厂货，并实地搜集各种散落的工厂技术资料，走访当年工厂的工人、技术人员和收藏家，同时实地考察厂区。我们在已经转型的工厂内面对着遗留下来的车间、窑炉、设备，乃至品牌宣传牌不断地设问、不断地猜想、不断地证明，在充分掌握历史资料的前提下，一次又一次地试图将不同时空的两段历史连接起来，并由此追溯传统工艺，这便是本卷所呈现的大部分内容。

在这一过程中，我们要感谢上海臻景工艺美术陶瓷设计有限公司蔡念睿总经理帮助我们联系中国工艺美术大师、景德镇雕塑瓷厂党委书记刘远长先生，并由刘远长先生多次召集了当地各路精英聚集一堂，其中不乏名家的后代，诚然也是当代的名家。舒立洪先生帮助我们具体展开工作，力求还原过去的景象。景德镇陶瓷大学（原景德镇陶瓷学院）原院长秦锡林教授、周健儿教授在百忙之中帮我们审定相关内容，何炳钦教授陪同考察，陈雨前教授提供了自己的研究成果和许多有价值的线索。同时还要感谢原山东轻工业美术学校方益民教授作为陶瓷设计的专家，十分专业地介绍了当地的情况，陪同我们拜访了山东硅元新型材料股份有限公司副总经理任允鹏，并实地考察了当地的陶瓷设计。另外，中国工业设计协会赵卫国副会长热情地介绍了 20 世纪 80 年代，他在国家计划委员会工作时为各地陶瓷厂引进国外先进制造设备的情况。清华大学美术学院（原中央工艺美术学院）艺术史论系郭秋惠博士提供了建国瓷产品的优质图片（由其先生郑林庆拍摄）。曾经在宜兴紫砂工艺厂工作过的谈碧云女士以她设计制作的作品向我们介绍了当年工作的情况，让我们对这一时期的设计、生产体制有了更加直观的认识。英国东西文化公司的索菲亚女士陪同我们考察了英国维基伍德陶瓷公司旧址、威廉·莫里斯协会，推动了我们在中外日用瓷器设计比较方面工作的进展。中央美术学院许平教授在 2016 年中国现代设计文献展上力推景德镇日用瓷器设计板块内容，加快了我们研究的脚步，也坚定了我们的研究和写作的信心。在成书的过程中，许智翀、余天玮、张可望、顾蔚婕、方梅帮助我们整理了资料，并且完成了许多图表的绘制。在写作工作的背后，还有许多朋

友默默支持和鼓励，我们在此一并表示感谢。由于我们的专业水平有限，书中一定
存在着许多的疏漏，期待行业的专家、广大的读者予以批评和指教。

沈榆

2018 年 2 月